Le collège de la cité

Coéditée par les Éditions Le Pommier et la Cité des sciences et de l'industrie, la collection « Le collège de la cité » reprend, chaque année, une douzaine des conférences données dans le cadre du *Collège de la Cité des sciences et de l'industrie.*
Dans le même esprit – construire les outils d'une culture scientifique partagée et nourrir le dialogue science/société –, les textes, simples et originaux, sont élaborés spécialement pour la collection, sous la forme de petits ouvrages accessibles.

mise en pages : Marina Smid
relecture : Axelle Maldidier

N° ISBN 978-2-7465- 0428-8
Éditions Le Pommier, 239 rue Saint-Jacques, 75005 Paris
www.editions-lepommier.fr
www.cite-sciences.fr/college

Andràs Pàldi

L'hérédité sans gènes

Éditions Le Pommier

cité des sciences & de l'industrie

Introduction

Si l'on posait la question « Qu'est-ce qui fait progresser la recherche scientifique ? », la majorité des gens répondrait sans hésitation : « Les nouvelles découvertes ! » En effet, il semble évident qu'elles ont donné une impulsion déterminante au développement de la science en général, et de la biologie en particulier. Par exemple, la découverte de la structure en double hélice de l'ADN (acide désoxyribonucléique) a été capitale pour l'évolution de la biologie de la seconde moitié du XXe siècle. On pourrait également citer de nombreux exemples dans n'importe quelle autre discipline scientifique. Mais, en y réfléchissant, les exemples contraires ne manquent pas non plus. Copernic a provoqué une véritable révolution scientifique avec son modèle du système solaire qui a placé le Soleil, et non plus la Terre, au centre de l'Univers, et ce modèle n'a pas été précédé par la découverte d'un fait astronomique jusqu'alors inconnu : il était le fruit d'une réflexion. De même, ni Newton ni Einstein n'ont fait de découverte expérimentale, ils ont « juste » porté un autre regard sur ce qui était déjà connu de tous. De nouvelles idées semblent donc parfois plus importantes que de nouvelles observations ! Comme disait le célèbre biochimiste Albert Szent-Györgyi : « La recherche, c'est voir ce que tout le monde voit et penser ce à quoi personne n'a pensé. »

En biologie, les exemples ne manquent pas non plus et cela est particulièrement vrai pour la génétique. Pourtant, l'apport de la réflexion théorique au développement de la science de l'hérédité reste peu reconnu, même par une grande partie des spécialistes. En génétique, le progrès est traditionnellement vu au travers du développement technologique – ce qui peut donner une image réduite et déformée des vrais enjeux de cette discipline. Sans tenir compte des bases théoriques, des découvertes comme celles du clonage de Dolly ou des cellules souches peuvent susciter des espoirs infondés et engendrer des débats qui portent plus sur des questions de science-fiction que sur de véritables problèmes soulevés par la recherche. Afin d'éviter ce piège et de mieux comprendre les notions à la base de la génétique, il est indispensable de retracer leur origine et leur évolution. On verra alors rapidement que, derrière la technologie moderne mise en œuvre par la biologie contemporaine, se cachent souvent des idées très anciennes. Grâce à l'apport d'autres disciplines comme la physique ou la théorie de l'information, ces idées ont été remises à jour, sans toutefois changer complètement le cadre conceptuel dans lequel évolue la science de l'hérédité. L'immense quantité d'observations accumulées durant les dernières décennies par la biologie moléculaire donne l'illusion d'un développement rapide. Souvent renforcée par un discours triomphaliste, cette illusion nous empêche de voir que le cadre conceptuel de la génétique est devenu trop étroit et empêche de véritables progrès. Toutefois, de nouvelles idées commencent à émerger et peuvent, à terme, aboutir à l'élaboration d'un nouveau paradigme.

Sans avoir l'ambition de proposer une analyse exhaustive, cet ouvrage souhaite aider le lecteur à mieux s'orienter dans le paysage des idées et des notions. Après un bref historique de la génétique classique et moléculaire, de ses bases et de ses contradictions, nous aborderons les derniers développements, généralement présentés sous le nom d'« épigénétique ». Enfin, nous examinerons les solutions que l'épigénétique, qui a l'ambition de s'imposer comme une discipline indépendante au sein de la biologie, propose aux questions soulevées par la génétique. Nous chercherons à savoir si elle représente un nouveau paradigme de l'hérédité. L'hérédité épigénétique est-elle une nouvelle forme de l'hérédité ? S'agit-il d'un mode d'hérédité « sans gène » ou d'un recyclage des anciennes idées ?

1

Préformation et épigenèse

La réflexion sur l'hérédité est aussi vieille que l'humanité. Les chiens ont des chiots, les chats des chatons, les chevaux des poulains et les hommes des enfants. On comprend facilement que la ressemblance entre les parents et leur descendance n'ait pas pu échapper à l'attention de l'homme et qu'elle l'ait fasciné. On cite souvent François Jacob : « Peu de phénomènes se manifestent avec autant d'évidence dans le monde vivant que la formation du semblable par le semblable. » Néanmoins, ce phénomène nécessite une explication.

Le problème peut être décomposé en deux questions. Premièrement, d'où vient la ressemblance entre les individus apparentés ? Comment se fait-il que ce soit toujours un poussin qui sortira d'un œuf de poule et jamais un caneton ? Pourquoi les glands de chêne donnent-ils toujours des chênes, jamais des platanes ? Deuxièmement, pourquoi et comment des êtres subissent-ils une transformation profonde au cours de leur vie ? Autrement dit, comment, par exemple, un œuf devient-il poule ou la graine pousse-t-elle et devient-elle arbre ? Implicitement, ces questions font appel à deux notions en apparence contradictoires, la notion de stabilité (ici, celle de l'espèce au cours du temps) et la notion de changement (ici, celui qui se produit au cours de l'ontogenèse, c'est-à-dire du développement embryonnaire de l'individu). Dès le XVIIe siècle, deux théories concurrentes ont tenté d'expliquer la stabilité des espèces et l'ontogenèse à partir des gamètes : la *préformation* et l'*épigenèse.*

Les partisans de la théorie de la préformation, des scientifiques renommés de l'époque comme Lazzaro Spallanzani, Gottfried Wilhelm Leibnitz, Antonie Van Leeuwenhoek, Nicolas Hartsoeker ou Albrecht von Haller, soutenaient que la spécificité du processus de développement pour chaque espèce s'expliquait par l'existence dans les gamètes d'un minuscule être préformé, une sorte de modèle réduit de l'adulte. Certains ont même « observé » et dessiné l'« homonculus », l'homme minuscule contenu dans le spermatozoïde. Dans un sens, on pourrait dire que la théorie de la préformation avait des bases empiriques fondées sur l'observation. Le grand avantage du préformationnisme est qu'il peut expliquer avec succès la ressemblance des individus apparentés et la stabilité des espèces.

Cette théorie est confrontée à des difficultés conceptuelles majeures. S'il y a un « animalcule » préformé contenu dans les gamètes, quelle est son origine ? En effet, si chaque organisme porte des modèles réduits dans ses gamètes, ceux-ci doivent également porter des modèles encore plus minuscules dans leurs propres gamètes et ainsi de suite. Cette logique nous amène à une régression à l'infini. L'emboîtement de modèles préformés les uns dans les autres conduit donc inévitablement à la question de l'origine du tout premier « modèle » et nécessite de supposer un acte de création comme point d'origine. Une telle explication était en accord avec la vision aristotélicienne qui dominait le monde à la fin du Moyen Âge. Il est important de souligner que l'idée de préformation est, bien entendu, totalement incompatible avec celle de changement, y compris avec la théorie de l'évolution. Comme Étienne Geoffroy Saint-

Hilaire l'a remarqué : « Selon le système d'emboîtement infini, les organismes sont et restent à travers les siècles ce qu'ils ont toujours été : pour cette raison, les hommes ont conclu que les formes animales étaient inaltérables. » Jusqu'au début du XIXe siècle, cela ne pose pas de difficultés particulières : la théorie de l'évolution n'apparaît que dans la « philosophie zoologique » de Lamarck et ne s'impose qu'après la publication de *De l'origine des espèces, par voie de sélection naturelle* de Charles Darwin.

La théorie de la préformation a également des difficultés à expliquer pourquoi deux parents sont nécessaires à la reproduction et pourquoi la descendance garde souvent une ressemblance avec les deux. De plus, elle réduit l'ontogenèse à un simple processus de croissance d'un organisme déjà préformé. Ces lacunes ont laissé le champ libre à la théorie concurrente.

Par opposition à la théorie de préformation, les partisans de la théorie de l'épigenèse (William Harvey, Marcello Malpighi, Kaspar Friedrich Wolff, entre autres, aux XVIIe et XVIIIe siècles) pensaient que l'œuf est amorphe, que l'apparition des tissus et des organes est progressive au cours du développement et que les organes de l'adulte se forment graduellement. De toute évidence, cette vision correspond mieux aux observations sur l'ontogenèse. Un têtard n'est pas comme une grenouille, un fœtus ne ressemble pas à un adulte, ils se transforment graduellement pour devenir adultes. Mais la théorie de l'épigenèse avait des difficultés à expliquer la permanence et la transmission des caractères entre générations : pourquoi l'œuf de poisson se développe-t-il toujours en poisson, l'œuf de poule en poussin, et quelle force pousse l'œuf à grandir et à se transformer ? Pour répondre à ces questions, on invoquait souvent la force vitale – une autre hypothèse difficile à aborder par la science.

Aucune des deux théories n'était donc satisfaisante car, dans chacune, des questions fondamentales restaient inexpliquées. De toute évidence, l'antagonisme des deux points de vue est profondément enraciné dans celui de deux visions du monde sous-jacentes à la biologie. La théorie de la préformation est plutôt inspirée par l'essentialisme d'Aristote tandis que l'épigenèse est plutôt d'inspiration matérialiste ou déiste. Bien qu'elles ne soient pas de vraies théories sur l'hérédité proprement dite, elles ont eu un effet fondateur sur le développement de la biologie du XVIIIe siècle à nos jours. Elles sont à la base de deux grandes branches de la biologie des XIXe et XXe siècles : la génétique et l'embryologie. La génétique classique est plutôt apparentée aux idées préformationnistes, car elle stipule la transmission de quelque chose de permanent : le gène. C'est justement à cause de l'idée de constance que la génétique a eu autant de difficultés à aborder le problème du changement, qu'il s'agisse de l'ontogenèse de l'individu ou de l'évolution de l'espèce. En revanche, fondée sur l'idée de changement graduel, la théorie de l'épigenèse était naturellement ouverte à la théorie de l'évolution. De ce fait, l'embryologie classique a très vite adopté la vision évolutionniste et a cherché à comprendre l'ontogenèse de ce point de vue. Ce rapprochement est bien illustré par les travaux d'Ernst Haeckel, qui a suggéré, dès 1866, longtemps avant que les bases de la génétique ne soient formulées, le postulat selon lequel l'ontogenèse récapitule les grandes étapes de la phylogénèse.

L'opposition entre l'explication de la permanence et la nécessité d'accommoder cette explication au changement accompagne l'histoire de la génétique. L'épigénétique peut être vue comme une tentative d'harmoniser la permanence avec le changement. Pour la comprendre, il nous faut considérer les événements dans l'ordre chronologique.

2

La génétique classique

Les premières théories sur l'hérédité sont apparues au XIXe siècle. Elles tentaient d'expliquer le vivant et l'hérédité par analogie aux atomes et aux réactions chimiques. Le vivant était considéré comme le résultat d'interactions entre des particules élémentaires qui pouvaient se combiner. L'hérédité était la conséquence du mélange des particules représentatives des parents et transmises par leurs fluides. Les caractéristiques de la descendance étaient déterminées par ce mélange, ce qui pouvait expliquer de façon qualitative la ressemblance entre les parents et leur descendance. En effet, les particules pouvaient se combiner dans des proportions variables, comme deux liquides. On imaginait qu'un caractère d'un individu était déterminé par un mélange d'un certain nombre de particules transmises par les parents. Plusieurs scientifiques du XIXe siècle ont ainsi développé des théories similaires. Karl Wilhelm von Nägeli parlait d'« idioplasme », August Weismann de « biophores », Hugo De Vries de « pangènes ». De là vient, sans aucun doute, l'idée de particules dans le concept de gène.

Mendel et ses pois

Il est maintenant admis que les bases théoriques de la génétique ont été posées par Gregor Mendel dans son article publié en 1866. Bien que Mendel soit l'auteur de travaux pionniers, ses contemporains n'ont pas été sensibles à son raisonnement. C'est seulement quarante années plus tard, quand d'autres scientifiques, comme Erich von Tschermak-Seysenegg ou Hugo De Vries ont fait des observations très similaires, que le mérite de Mendel a été reconnu. Néanmoins, pour comprendre l'essentiel du paradigme de la génétique classique, il suffit de lire le mémoire original de Mendel. L'article surprend par sa simplicité et la logique de son raisonnement. On réalise alors que, s'il est resté sans écho en son temps, c'est parce que Mendel a proposé un certain nombre d'innovations méthodologiques et conceptuelles qui allaient à l'encontre de ce qui était généralement accepté. Comme beaucoup de ses contemporains, Mendel étudiait l'hybridation des plantes. Il effectuait des croisements de pois. Sa première innovation a été d'étudier des lignées qu'il a appelées « formes constantes », c'est-à-dire des lignées dont les individus croisés entre eux produisaient des descendants identiques aux parents. La deuxième innovation a été de choisir des caractères simples, pouvant être classés sans ambiguïté en catégories distinctes. Par exemple, il a choisi de croiser deux lignées de pois à forme constante qui ne se distinguaient l'une de l'autre que par la forme de leurs grains : lisses ou ridés. Décomposer l'apparence extérieure d'une plante ou de n'importe quel organisme en caractères élémentaires est une idée essentielle, sans laquelle il n'aurait pas été possible d'évaluer les résultats quantitativement. En effet, s'il existe des grains à forme intermédiaire, par exemple plus ou moins ridés, il est difficile d'établir des groupes distincts et de procéder à une quantification exacte. La troisième innovation, c'est justement l'analyse quantitative des résultats.

Mendel a d'abord croisé deux lignées à forme constante qui ne produisaient soit que des grains lisses, soit que des grains ridés. Il a observé que toutes les fleurs des plantes de la première génération issue de ce croisement produisaient des grains lisses. Il a alors croisé les plantes de cette première génération entre elles et a vu que les fleurs de la deuxième génération produisaient des grains ridés en plus des grains lisses, et qu'il y avait trois fois plus de grains lisses que de grains ridés. Donc, le rapport était 3 : 1. Quand il a analysé les plantes issues des grains de la deuxième génération, il a trouvé que les grains ridés ne produisaient que des plantes avec des grains ridés. Il a interprété cela comme un retour à la forme constante. Deux grains lisses sur trois produisaient des plantes avec des grains lisses et ridés en proportion 3 : 1, exactement comme pour la deuxième génération. Enfin, un tiers des grains lisses donnaient des plantes ne produisant que des grains lisses, ce qu'il a de nouveau interprété comme un retour à la forme constante. Le rapport qui revenait toujours était de 3 : 1 pour les formes des grains. Mendel a répété l'expérience avec des plantes aux grains de différentes couleurs. Le résultat a été identique. Enfin, il a croisé des lignées à forme constante avec des grains différents par leur forme et par leur couleur. Il a observé que les deux caractères se transmettaient indépendamment et produisaient toujours les mêmes proportions 3 : 1. Mais il a aussi remarqué qu'un autre rapport se cachait derrière ce 3 : 1. Si l'on considère la capacité de produire des formes constantes ou hybrides, on observe que un grain sur quatre ne donne que des plantes avec des grains ridés, deux grains sur quatre donnent des plantes avec des grains lisses et ridés et un grain sur quatre ne donne que des plantes avec des grains lisses. Il y a donc un rapport de 1 : 2 : 1 pour la capacité de produire des formes pures ou des formes mélangées. Sur la base de ces observations, Mendel a formulé plusieurs règles simples qui portent aujourd'hui son nom. On pourrait les résumer ainsi :

– Selon la première loi, la première génération d'hybrides des lignées à forme constante est uniforme, c'est-à-dire que tous les individus sont identiques pour le caractère examiné. Les formes observées dans les lignées d'origine réapparaissent à la deuxième génération en proportion constante.
– La deuxième loi stipule qu'à la deuxième génération la ségrégation des caractères est indépendante, c'est-à-dire que, si l'on observe simultanément plusieurs caractères, à la deuxième génération, on trouvera des individus avec n'importe quelle combinaison de ces caractères.

Il ne s'agit pas de véritables lois, mais plutôt d'une généralisation des observations sur tous les caractères observables. Cette généralisation est devenue possible quand, quarante ans après Mendel, d'autres scientifiques ont obtenu des observations similaires en utilisant d'autres espèces végétales et animales. Ces règles simples ont permis, au début du XXe siècle, de définir un cadre théorique qui, bien que complété plus tard par d'autres règles, reste toujours largement accepté et constitue le fondement de la génétique classique. Ce cadre théorique repose sur l'interprétation que les généticiens ont donnée des observations de Mendel. Afin de mieux appréhender la discussion qui suit, il me semble nécessaire d'en donner ici le résumé succinct, même si ce passage rappelle à certains les cours de « sciences nat' » du lycée...

On peut diviser l'apparence extérieure observable des êtres vivants en caractères individuels. Par définition, la génétique ne s'intéresse qu'aux caractères héréditaires appelés « phénotypes », qui sont spécifiés par des déterminants qui portent le nom de « gène » – un terme proposé par le scientifique danois Wilhelm Johannsen en 1909. Le gène est défini comme l'unité de base de l'hérédité. Dans les expériences de Mendel, par exemple, la forme des grains est le phénotype étudié et ce phénotype est déterminé par un gène, lequel, selon le jargon de la génétique, « code » pour le phénotype « forme de grain ». Il peut y avoir plusieurs variantes du même gène, appelées « allèles ». Dans notre exemple, il y a au moins deux allèles, car on observe deux variantes du phénotype : « lisse » et « ridé ». Chaque organisme, ou plutôt chaque cellule d'un organisme multicellulaire, porte deux copies, c'est-à-dire deux allèles de chaque gène. C'est pourquoi ces cellules sont qualifiées de « diploïdes ». La composition allélique constitue le « génotype » pour le gène concerné.

Les individus qui portent deux allèles identiques du même gène sont qualifiés d'« homozygotes » pour ce gène et ceux qui portent deux allèles différents d'« hétérozygotes ». Le phénotype est déterminé par le génotype, c'est-à-dire par l'ensemble des deux allèles. Dans notre exemple, les plantes homozygotes avec soit deux allèles « lisses » soit deux allèles « ridés » avaient un phénotype correspondant, c'est-à-dire « lisse » ou « ridé ». Mais si un individu est hétérozygote et porte deux allèles différents, ces derniers n'ont pas nécessairement la même contribution dans la construction du phénotype : certains allèles y contribuent plus fortement que d'autres. On parle alors d'allèles « dominants », les allèles plus faibles étant qualifiés de « récessifs ». Dans notre exemple, les plantes qui ont hérité d'un allèle dominant de type « lisse » et d'un allèle récessif de type « ridé » étaient hétérozygotes pour le gène « forme de grain » et avaient un phénotype « lisse » correspondant à l'allèle dominant. Il est donc impossible de différencier uniquement sur la base du phénotype une plante dont le génotype est hétérozygote « lisse/ridé » d'une autre qui est homozygote « lisse/lisse » !

Deux allèles de certains gènes peuvent avoir la même force. Dans ce cas, le phénotype des hétérozygotes sera différent de celui des deux homozygotes. Bien qu'un individu diploïde ne puisse porter que deux allèles, dans une population, il peut y avoir plus que deux allèles d'un même gène, dont certains sont de force égale et d'autres sont récessifs. Les groupes sanguins en représentent un exemple simple. Il y a quatre groupes sanguins chez l'homme, A, B, AB et O. Ces quatre types du phénotype « groupe sanguin » sont déterminés par trois allèles : A, B et O. Les allèles A et B sont dominants par rapport à l'allèle O et ils sont équivalents entre eux. Une personne dont le génotype est AB a le phénotype « groupe sanguin » AB, car ces deux allèles sont équivalents. L'allèle O étant récessif, une personne de génotype AO ou BO est phénotypiquement A ou B, comme les homozygotes AA et BB. Seuls les individus dont le génotype est OO ont le phénotype O. Tout cela peut paraître compliqué, mais il ne s'agit en réalité que d'une combinatoire simple.

Comment apparaissent les individus homozygotes et hétérozygotes ? La fusion de deux gamètes (ovule et spermatozoïde) est nécessaire au développement d'un organisme diploïde. Les gamètes n'ont qu'un seul allèle de chaque gène, aussi les qualifie-t-on d'« haploïdes ». Le génotype de l'organisme diploïde dépend donc des allèles apportés par les gamètes. L'organisme produit les gamètes lors d'une division cellulaire spéciale, la méiose, au cours de laquelle une cellule diploïde produit deux cellules haploïdes, chacune portant un seul allèle de chaque gène. Un organisme homozygote pour un gène donné produit donc des gamètes d'un seul type, qui portent tous le même allèle. Par exemple, la plante avec le génotype « ridé/ridé » produit seulement des gamètes avec l'allèle « ridé ». En revanche, les organismes hétérozygotes produisent deux types de gamètes en proportion équivalente : la plante « ridée/

lisse » produit autant de gamètes avec l'allèle « lisse » qu'avec l'allèle « ridé ». Au moment de la fécondation, la fusion de deux gamètes avec le même type d'allèles produit un organisme avec un génotype homozygote pour le gène en question, et donc avec un phénotype qui correspond à cet allèle. En revanche, la fusion d'un gamète porteur d'un allèle dominant avec un autre qui porte un allèle récessif donne un organisme avec un génotype hétérozygote et un phénotype qui correspond à l'allèle dominant.

On comprend alors pourquoi Mendel a observé les proportions 3 : 1 et 1 : 2 : 1. Les deux lignées à « formes pures » (première génération) étaient homozygotes, soit avec l'allèle « lisse », soit avec l'allèle « ridé ». Leur croisement n'a produit que des descendants hétérozygotes (deuxième génération) « lisse/ridé » et, à cause de la dominance de l'allèle « lisse » sur le « ridé », tous ces descendants avaient le phénotype « lisse ». La moitié des gamètes produits par ces plantes hétérozygotes portaient l'allèle « lisse », l'autre moitié, l'allèle « ridé ». Si un croisement est fait entre deux plantes hétérozygotes de cette deuxième génération, le résultat sera différent. En effet, la fécondation se produisant au hasard, un gamète avec un allèle de type « lisse » d'une plante a autant de chances de féconder un gamète du même type d'une autre plante qu'un gamète de type « ridé », et vice versa. Statistiquement, on obtient donc une part d'homozygotes de type « lisse/lisse », une part d'homozygotes de type « ridé/ridé » et deux parts d'hétérozygotes « lisse/ridé ». Puisque l'allèle « lisse » est dominant, toutes les plantes qui portent au moins un allèle « lisse », soit les trois quarts de l'ensemble, sont phénotypiquement « lisses », et seul le quart d'homozygotes « ridé/ridé » est phénotypiquement « ridé ».

C'est seulement après l'analyse statistique d'un grand nombre de croisements et de descendants que l'on peut obtenir les proportions exactes. C'est ce qu'a fait Mendel : il a analysé des centaines de plantes avant de constater qu'il avait affaire aux mêmes proportions de phénotypes. En règle générale, l'analyse génétique nécessite la recension d'un grand nombre de descendants pour déterminer si un caractère est « mendélien », c'est-à-dire s'il suit les règles de Mendel.

Le phénotype et le génotype

Les fondements théoriques de la génétique du début du XXe siècle peuvent être formulés ainsi : un caractère héréditaire observable, le *phénotype*, est déterminé par deux copies d'un facteur, le *gène*, présent dans les cellules de chaque individu. À chaque caractère héréditaire correspond un gène qui le détermine. La transmission des gènes d'une génération à l'autre se fait par les gamètes, qui n'ont qu'une seule copie de chaque gène. Cette thèse constitue le noyau dur de la génétique depuis le début du XXe siècle jusqu'à nos jours. Comme nous allons le voir, ce noyau dur théorique n'a subi que quelques ajustements, certainement très importants, mais qui ne modifient pas l'essentiel de sa logique.

Malgré son immense succès, le paradigme de la génétique, aussi simple soit-il, conduit à des contradictions logiques. La thèse est fondée sur le fait que l'on ne peut observer que le phénotype. N'oublions pas qu'à cette époque l'existence du gène n'était qu'une simple déduction théorique. Bien que l'idée d'une particule ou d'un substrat matériel qui servirait comme porteur du gène ait été présente dans les idées des pionniers de la génétique dès le début, le gène n'était qu'un concept, ou plutôt un outil conceptuel.

La science utilise souvent de tels outils, qui peuvent grandement faciliter la compréhension des phénomènes naturels. Par exemple, la notion de gravitation en physique peut être considérée comme un outil conceptuel. Elle ne peut pas être observée directement, mais, par ses effets, elle peut être caractérisée, quantifiée, etc. Personne ne met en cause l'utilité de cet outil. De même, on ne peut pas observer le gène directement, on peut seulement détecter l'effet dont il est la cause, c'est-à-dire le phénotype. D'un point de vue philosophique, cette dualité n'est pas sans rappeler la dualité essence/existence d'Aristote, selon laquelle chaque catégorie ou espèce des choses n'est que la réalisation plus au moins bien réussie de son essence, qui la détermine ou qui est la cause de son existence. Il y a une relation causale entre le gène et « son » phénotype, et ce dernier n'a aucune influence sur le premier. Le gène est donc considéré comme une entité théorique (outil conceptuel) que l'on ne peut observer qu'indirectement et qui ne varie ni d'une génération à l'autre ni chez les membres d'une même espèce. Le concept de gène est central dans la génétique. Bien qu'il ait beaucoup évolué depuis son introduction, il est toujours considéré comme ayant un rôle causal dans la détermination du phénotype.

En revanche, le phénotype a toujours été considéré comme matériel. Mais peut-on vraiment l'observer ? Cette question peut paraître un peu naïve : la réponse est oui, bien sûr, puisque c'est la définition même du phénotype ! Par exemple, dans les croisements de Mendel, le phénotype était la forme lisse ou ridée des grains. Mais en y réfléchissant, si tous les grains avaient toujours été lisses, Mendel n'aurait pas pu faire ses expériences. Le phénotype « lisse » existerait-il quand même ? Certainement, mais il serait impossible d'analyser ce phénotype par les méthodes de croisement génétique. On constate donc que, du point de vue de la génétique, un phénotype n'est

« visible » que s'il en existe des formes différentes. Ni les phénotypes ne présentant pas de variantes ni les gènes censés les déterminer ne peuvent être étudiés par la génétique. Il s'agit là d'un point faible du cadre conceptuel fondé sur la dualité gène/phénotype, dont les conséquences théoriques et pratiques sont très importantes.

Qu'est-ce qu'un caractère héréditaire ?

Le but de la génétique est d'étudier l'hérédité des caractères. Il est alors essentiel de savoir comment distinguer un caractère héréditaire d'un autre qui ne l'est pas. Intuitivement, la réponse la plus simple serait de dire que, si un caractère est observé régulièrement, à travers des générations d'individus de la même famille ou de la même population, il y a des chances pour qu'il soit héréditaire. Cette réponse n'est pas satisfaisante, car il pourrait s'agir d'une simple coïncidence ou encore de l'effet de l'environnement, qui induirait systématiquement le même caractère. Il est nécessaire de faire une analyse génétique. Mais, comme nous l'avons vu plus haut, si un caractère ne varie pas, la génétique ne peut pas l'analyser. La reconnaissance même d'un caractère est donc déjà difficile !

Heureusement, l'homogénéité absolue est très rare, il y a toujours des subtilités qui peuvent différencier les individus. Mais qui peut dire si ces petites différences représentent des variantes distinctes ou juste les nuances d'une seule et même variante ? Autrement dit, comment traiter les caractères continus si la transition entre les deux extrêmes est graduelle ? Par exemple, un petit pois moyennement ridé doit-il être classé comme « lisse », comme « ridé » ou comme représentant d'un troisième phénotype ? Si l'on répond qu'il est « lisse » alors qu'il est « ridé », on commet une faute de classification, mais s'il s'agit d'un troisième phénotype, toute notre analyse est erronée.

Si la question des petit pois n'intéresse probablement que les généticiens, celle de la classification des caractères en général peut avoir une importance qui dépasse le domaine de la génétique. Des discussions parfois violentes sont déclenchées par la question de l'hérédité de certaines caractéristiques humaines. Par exemple, la question de l'hérédité de troubles somatiques comme l'obésité, les maladies cardio-vasculaires, le cancer, des maladies comme la schizophrénie, l'épilepsie ou l'autisme, ou encore de ce que l'on tient pour des troubles du comportement, comme la dépendance aux drogues ou à l'alcool, la conduite « turbulente » d'un enfant, l'hérédité du comportement criminel, de l'homosexualité, de l'intelligence – la liste est quasi interminable – représentent un enjeu sociétal et économique non négligeable. Et la réponse donnée par la génétique a des conséquences radicales sur la façon dont la société réagit !

Notre histoire nous a fourni suffisamment d'exemples effrayants pour illustrer l'importance de la définition de ce que la génétique considère comme un phénotype héréditaire. Car la génétique elle-même évolue dans un contexte sociétal et la façon dont elle aborde ces problèmes en est profondément influencée. Le plus souvent, seul un consensus décide si la variante d'un caractère dépasse ce que l'on considère comme normal ou acceptable, il n'y a pas de mesure objective. Par exemple, si un enfant est turbulent, on décide qu'il est forcément malade, puisqu'en lui administrant des médicaments on peut modifier ce comportement. De ce fait, on en déduit que le comportement turbulent est dû à un disfonctionnement physiologique. Si l'on constate en plus que son papa ou sa maman a aussi été un enfant turbulent, on décrète que, de toute évidence, il s'agit d'une maladie héréditaire. Et effectivement, depuis quelques années, il y a de plus en plus d'études génétiques qui visent à déterminer les gènes responsables de ce phénotype. Mais, il y a quelques dizaines d'années, personne n'aurait eu l'idée de considérer un enfant turbulent comme porteur d'une maladie héréditaire. Qui a raison ? Les exemples similaires sont nombreux. Il y en a aussi de plus anecdotiques, comme cette étude pourtant très scientifique qui a « démontré » l'hérédité de la générosité ! Ces exemples illustrent parfaitement la difficulté de reconnaître un caractère. Force est de constater que la génétique ne possède pas de moyen exact pour identifier un phénotype : il relève d'une décision, voire de la subjectivité !

Supposons qu'il soit possible de différencier deux variantes d'un caractère sans ambiguïté et que l'analyse génétique puisse se faire. Il reste encore à décider s'il s'agit d'un caractère héréditaire. Si l'on observe que la ségrégation des variantes du phénotype correspond aux proportions attendues sur la base des lois de Mendel, c'est-à-dire 3 : 1 ou 1 : 2 : 1, la conclusion est que le caractère en question est bien héréditaire et déterminé par un seul gène. On qualifie un tel caractère de « mendélien », car il confirme les lois de Mendel. Mais que se passe-t-il si les proportions obtenues sont très éloignées de ce qui est attendu ? Bien que l'on doive logiquement en conclure que le caractère n'est pas héréditaire, cette hypothèse est souvent maintenue. Nous avons vu que la plupart des caractères, qu'ils soient héréditaires ou non, ne peuvent pas être aisément divisés en phénotypes élémentaires discrets, c'est-à-dire bien identifiables, non mêlés à d'autres phénotypes. C'est justement parce qu'ils ont considéré les caractères comme continus et indivisibles que les contemporains de Mendel n'ont pas reconnu l'importance de son travail. Néanmoins, une fois le point de vue de Mendel accepté, les règles établies par lui sur la base de caractères simples pouvaient être extrapolées vers les caractères continus. Il suffisait d'assouplir le principe de départ et d'admettre que le même caractère était influencé par plusieurs gènes indépendants représentés par plusieurs allèles pour pouvoir expliquer, sur la base des mêmes règles, l'hérédité des caractères les plus complexes, même si les proportions de ségrégation sont très éloignées de celles des caractères mendéliens. Nous avons vu que le croisement des hétérozygotes pour un gène produit 3 génotypes différents en proportion 1 : 2 : 1 ; le croisement des hétérozygotes pour deux gènes indépendants peut produire 9 combinaisons génotypiques différentes ; avec trois gènes, on peut obtenir 27 combinaisons ; etc. Si ces gènes agissent sur le même phénotype et si chaque combinaison allélique produit un phénotype légèrement différent des autres, il est parfaitement possible d'expliquer la continuité du caractère héréditaire correspondant. Les caractères de ce type sont qualifiés de « polygéniques ». L'analyse génétique de ces caractères est plus compliquée que celle des caractères mendéliens simples et nécessite l'utilisation de méthodes statistiques. Le résultat de telles analyses est une corrélation statistique. Comme nous allons le voir, cette corrélation est le plus souvent interprétée comme une relation de cause à effet.

En admettant qu'un caractère puisse être déterminé par plusieurs gènes, le paradigme mendélien intègre avec succès les caractères continus dans son champ de validité. Néanmoins, la part de subjectivité dans la définition de ce qu'est un phénotype ne diminue pas, bien au contraire. Désormais, n'importe quel caractère intuitivement pressenti comme héréditaire peut être soumis à une analyse génétique. Si l'analyse statistique révèle une corrélation entre le caractère et un ou plusieurs gènes, on considère généralement qu'il s'agit d'un phénotype héréditaire. Toutefois, en l'absence d'une telle corrélation, l'hypothèse d'un phénotype héréditaire n'est pas nécessairement rejetée. Souvent, le phénotype est alors redéfini en incluant ou en excluant certains aspects du caractère et le nombre d'individus analysés est augmenté de manière à ce qu'il puisse être considéré comme héréditaire.

Ainsi, la question de l'hérédité d'un caractère « compliqué » ne peut jamais être résolue, car, quel que soit le résultat de l'analyse, il est toujours possible d'opposer des objections méthodologiques. Prenons un exemple bien connu : l'intelligence. Intuitivement, nous savons qu'il y a des gens plus intelligents que d'autres, mais s'agit-il pour autant d'un phénotype héréditaire ?

Malgré tous les développements technologiques, la controverse concernant son hérédité est aussi ancienne que la génétique elle-même, et il n'est pas difficile de prévoir que cela ne changera pas. En effet, l'impossibilité de définir sans ambiguïté ce qu'est l'intelligence et comment on peut la mesurer rend son analyse génétique difficile. Ce qui n'a pas empêché de nombreux généticiens de s'y attaquer, pour aboutir à un résultat bien connu : il y a autant d'avis que d'études. Le flou et la subjectivité rendent toute conclusion scientifique impossible.

On voit bien que la définition des fondements de la génétique que sont les concepts fondamentaux du génotype et du phénotype porte une bonne dose d'arbitraire. De plus, quand on parle du gène et du caractère, l'argumentation est circulaire : on définit le gène par le phénotype qu'il est censé déterminer et on définit le phénotype par le gène qui le détermine. Pour la génétique classique, le gène est une entité théorique non observable, le phénotype est matériel et observable, mais on ne peut le délimiter que de façon subjective. On peut se demander comment une discipline reposant sur des concepts fondamentaux aussi imprécis a été capable d'avoir autant de succès.

Selon certains historiens des sciences, comme Evelyn Fox-Keller, c'est justement ce flou qui a rendu la génétique suffisamment flexible pour esquiver ses contradictions logiques et permettre de n'étudier que des phénomènes facilement abordables avec la méthodologie d'analyse génétique, en remettant à plus tard l'examen des cas controversés. Sans cette flexibilité, la génétique n'aurait pu étudier que les caractères mendéliens les plus simples, c'est-à-dire, une infime minorité de phénomènes héréditaires.

Voyons maintenant l'autre composant essentiel du cadre théorique de la génétique :

la thèse de l'impossibilité de l'hérédité des caractères acquis.

La question de l'hérédité des caractères acquis

En biologie, la distinction entre les notions d'inné et d'acquis est née à la fin du XIXe siècle, en même temps que les concepts de base de génotype et de phénotype. Ces deux notions reposent sur la théorie de la continuité du plasma germinatif proposée par August Weismann. Selon cette théorie, dans les organismes multicellulaires, c'est le plasma germinatif qui assure la transmission des caractères d'une génération à l'autre. Il n'est pas équivalent aux cellules germinales, mais est porté par ces dernières et, contrairement à elles, il demeure inchangé d'une génération à une autre. C'est pourquoi la lignée somatique, faite des cellules qui constituent le corps et générée par le plasma germinatif, ne contribue pas directement à l'hérédité : les modifications que le corps subit pendant sa vie sous l'effet de l'environnement ne concernent pas le plasma germinatif, qui est bien protégé. Il est donc logique que les changements de la lignée somatique accumulés au cours de la vie, appelés « caractères acquis » par opposition aux « caractères hérités », ne soient pas transmis à la génération suivante. Ils n'ont aucune influence sur les caractères innés. Autrement dit, les caractères acquis concernent uniquement la lignée somatique, ils ne sont pas déterminés par des gènes et ne sont donc pas héréditaires. Le changement d'un caractère héréditaire d'une génération à l'autre n'est possible que par le changement du gène qui le détermine. C'est ce changement que l'on appellera plus tard « mutation ».

Selon la logique de Weismann, la continuité de la lignée germinale (c'est-à-dire les gamètes) assure une certaine

« immortalité », car elle représente un *continuum* entre les générations successives. En revanche, la lignée somatique se forme de nouveau à chaque génération, à partir de la lignée germinale. Elle est donc mortelle. Aussi la théorie de la continuité du plasma germinatif n'est-elle pas sans rappeler le concept de préformation. D'ailleurs, Weismann lui-même a précisé que sa théorie s'en inspirait. La seule différence réside dans le fait qu'il ne s'agit pas d'emboîtements successifs d'organismes préfabriqués (comme des poupées russes), mais d'une seule et même lignée traversant des générations. Dans les deux cas, c'est bien quelque chose de préexistant qui détermine les caractères de l'organisme. Néanmoins, le plasma germinatif n'est pas un être miniature, il apporte simplement les constituants qui s'assemblent pour former le corps d'une façon qui n'est pas clairement définie. Cette logique explique également pourquoi la génétique ne s'intéresse pas à l'ontogenèse : non seulement il est possible de comprendre l'hérédité sans l'étudier, si le rôle de la transmission des caractères appartient à la lignée germinale, mais en outre l'étude du développement de l'individu est inutile à sa compréhension. C'est probablement la raison pour laquelle, pendant si longtemps, malgré les liens et contacts évidents entre les deux disciplines, la génétique ne s'est pas intéressée à l'embryologie.

Avec ce cadre théorique, la distinction entre les notions d'inné et d'acquis ne semble pas poser de difficultés. L'impossibilité de l'hérédité de l'acquis est la conséquence logique de la séparation du plasma germinatif et de la lignée somatique. Il s'agit pourtant d'une rupture par rapport à la pensée dominante du XIXe siècle. En effet, l'hérédité de l'acquis, que la génétique appellera communément « lamarckisme », était admise comme une évidence par la plupart des scientifiques jusqu'à la fin de ce siècle – c'est plus tard, en effet, que le nom de Jean-Baptiste Lamarck a été associé à cette idée. À l'origine de la première théorie de l'évolution, Lamarck n'a formulé aucune hypothèse explicite sur l'hérédité. Darwin lui-même était partisan de l'idée de l'hérédité des caractères acquis – il était, pour ainsi dire, « lamarckien » ! Notons au passage que, contrairement à ce que l'on pense souvent, la théorie darwinienne de la sélection naturelle reste valable quels que soient les mécanismes de l'hérédité. Au moment où Darwin publiait ses travaux sur l'origine des espèces, la génétique telle qu'elle est décrite ici n'existait pas encore. August Weismann a justement été l'un des fondateurs de cette nouvelle science et son idée de l'impossibilité de la transmission des caractères acquis en est devenue l'un des socles.

Pourquoi Weismann a-t-il eu l'idée de séparer les caractères innés et acquis ? Selon certaines anecdotes, il aurait fait l'expérience de couper la queue des rats pendant plusieurs générations et aurait constaté que les rats naissaient toujours avec une queue. Il est très improbable qu'il ait vraiment éprouvé le besoin de faire une telle expérience. En effet, l'impossibilité de l'hérédité des caractères acquis est une nécessité logique, elle est la conséquence directe de l'hypothèse de la dualité germen/soma. Le problème de l'inné et de l'acquis n'existait pas avant que Weismann propose sa théorie de continuité du plasma germinatif. Ce n'est pas à cause de quelques observations, par ailleurs indiscutables, mais simplement pour sauver la cohérence théorique que la distinction entre les notions d'inné et d'acquis est devenue nécessaire. Bien que compatible avec de nombreuses observations, elle ne repose pas directement sur leur généralisation. En revanche, les exceptions sont nombreuses. Il est clair que, pour les organismes qui ne possèdent pas de lignées germinale et somatique distinctes, comme les organismes unicellulaires ou comme beaucoup d'organismes pluricellulaires inférieurs, la différenciation entre l'inné et l'acquis n'a tout simplement pas de sens. Mais il n'est pas facile non plus de concilier avec cette théorie la capacité des plantes et de nombreuses espèces d'animaux à régénérer l'organisme entier à partir de n'importe quelle partie du corps. L'existence de cellules germinales et somatiques différentes dans ces organismes ne permet pas d'établir une distinction nette entre la lignée somatique et le plasma germinatif. Rappelons que les plantes représentent la majorité des espèces vivantes sur la terre. Comment pourrait-on établir une loi générale pour le vivant si la majorité des espèces sont des exceptions ?

La dualité inné/acquis soulève une autre question. Intuitivement, il semble évident que certains caractères, si ce n'est la majorité, sont influencés à la fois par l'hérédité et par l'environnement. Comment faire la part des deux influences ? Cette question complique encore plus la définition du phénotype. Pour faire la part des choses, la génétique classique a introduit la notion d'héritabilité, le plus souvent exprimée en pourcentages. On entend dire, par exemple, que tel ou tel caractère « est hérité à *x* % ». C'est une expression totalement incorrecte : la nature même de l'analyse génétique fait qu'un caractère n'est analysable que sur la base de la différence entre ses variantes ; par conséquent, l'héritabilité ne peut mesurer que la part de l'hérédité dans la différence entre les formes d'un caractère observé. Logiquement, on devrait se poser la question suivante : le gène détermine-t-il le caractère ou la différence entre les formes du même caractère ?

La théorie chromosomique

Le cadre conceptuel de la génétique classique repose donc sur deux socles :

1. La distinction phénotype/génotype

Le porteur de l'hérédité est le gène, il en est l'« unité ». Un gène détermine un caractère et à chaque caractère héréditaire correspond un gène. L'ensemble des gènes s'appelle « génotype » et l'ensemble des caractères héréditaires « phénotype ». Le gène est invariable. Le changement d'un caractère héréditaire d'une génération à l'autre n'est possible que par une mutation, c'est-à-dire par un changement brusque et discontinu du gène.

2. La distinction inné/acquis

Dans les organismes multicellulaires, les caractères héréditaires sont transmis d'une génération à l'autre grâce aux gènes portés par la lignée germinale, c'est-à-dire les gamètes. Bien que, dans la lignée somatique, c'est-à-dire dans les cellules qui constituent le corps, chaque cellule porte deux copies (deux allèles) de chaque gène, cette lignée ne contribue pas à la lignée germinale donc, par définition, ne participe pas directement à l'hérédité. Dès lors, il est logique que les changements de la lignée somatique survenus au cours de la vie – les « caractères acquis » – n'influencent pas le phénotype de la génération suivante, puisque celui-ci est déterminé par les gènes transmis par la lignée germinale. Les caractères acquis ne sont pas déterminés par des gènes et, par définition, ne sont pas héréditaires.

Bien que, au départ, la notion de gène ait été indépendante de tout support matériel, l'idée de particules physiques porteuses du gène était présente dès le début dans les réflexions sur l'hérédité. La nature de ce support n'était pas connue, mais, grâce à une série d'observations, l'attention s'est graduellement concentrée sur les chromosomes. Ces structures cellulaires ont d'abord été observées dans les cellules des plantes par Karl Wilhelm von Nägeli au milieu du XIXe siècle, puis dans des cellules animales par Walther Flemming en 1882. La corrélation entre le comportement des chromosomes et l'hérédité a été observée par Theodor Boveri et ses collaborateurs en étudiant les cellules embryonnaires de l'oursin. La théorie chromosomique de l'hérédité s'est dessinée au début du XXe siècle et c'est Thomas Morgan qui lui a donné sa forme définitive dans son ouvrage *The Mechanism of Mendelian Heredity*, publié en 1915 (et traduit en français en 1923 sous le titre *Le Mécanisme de l'hérédité mendélienne*).

La théorie peut être résumée ainsi : le gène a un support matériel qui se trouve sur ou dans les chromosomes. Chaque chromosome porte une multitude de gènes, organisés en série linéaire le long du chromosome. Chaque cellule porte deux copies du même chromosome, l'une venant de la mère, l'autre du père. Les gamètes sont issus d'une division cellulaire, la méiose, qui produit des cellules avec une seule copie de chaque chromosome. Les couples de chromosomes sont rétablis au moment de la fécondation. En revanche, les cellules somatiques se dupliquent par une division que l'on appelle « mitose ». Avant la mitose, chaque chromosome est fidèlement dupliqué dans la cellule mère. Les cellules filles issues de la division de la cellule mère héritent d'une de ces deux copies. Ainsi, la composition chromosomique ne change pas au cours de la mitose et les cellules somatiques de l'organisme sont génétiquement toutes identiques.

La théorie chromosomique donne donc une explication physique au modèle de l'hérédité de Mendel. Ce sont les chromosomes et non pas les gènes qui, durant la méiose, subissent les phénomènes de ségrégation et un assortiment indépendant. Le positionnement des gènes sur les chromosomes a pour conséquence que, si les gènes étudiés sont portés par le même chromosome, ils se transmettent ensemble – aujourd'hui, on dit que ces gènes sont « liés ». Si l'on étudie deux caractères, on n'observe les 9 combinaisons différentes des génotypes dans la descendance hybride que si les gènes responsables sont localisés sur deux chromosomes différents. Dans le cas contraire, les deux gènes se comportent comme un seul. Mendel a eu de la chance de tomber sur des caractères indépendants ! En réalité, il a bien noté dans son carnet des observations sur des caractères qui n'étaient ni tout à fait indépendants ni tout à fait liés comme un seul, mais il n'a retenu que les caractères qui suivaient les règles simples de ségrégation.

Morgan a compris qu'au cours de la formation des gamètes, pendant la division méiotique, les chromosomes homologues s'échangeaient des segments entre eux grâce à un mécanisme compliqué, la « recombinaison » génétique, qui produit des chromosomes dits « recombinants » : au lieu de se dupliquer à l'identique, deux chromosome homologues se dupliquent en associant une partie de l'un à la partie complémentaire de l'autre, et réciproquement. La recombinaison brise donc la liaison entre les allèles de gènes situés sur deux parties distinctes du même chromosome. Mais les recombinaisons se produisent au hasard. Plus les gènes sont éloignés les uns des autres sur le chromosome, plus les risques de l'échange augmentent et plus il y a de recombinants. Au contraire, plus les gènes sont rapprochés, moins il y a de risques pour qu'une recombinaison se produise et moins il y a de recombinants. Ainsi, l'analyse systématique de la ségrégation des caractères dans la descendance des croisements permet d'établir dans quel ordre des gènes associés à ces caractères sont disposés sur les chromosomes, ce qui permet de dresser des cartes génétiques qui rendent compte de cette disposition des gènes le long du chromosome. En dressant une première carte génétique de la mouche à vinaigre, la drosophile, Thomas Morgan a créé une méthodologie appelée « cartographie génétique », utilisée encore aujourd'hui en génétique. Sur cette carte, les gènes sont des emplacements et les distances sont mesurées en pourcentage de recombinaison. L'unité de mesure de la distance génétique porte le nom de Morgan : un centimorgan est égal à 1 % de recombinaison.

En plus de l'apport méthodologique, la grande innovation de la théorie chromosomique a été d'établir un lien entre le gène, qui n'était jusqu'alors qu'un concept, et une structure physique dont le comportement peut être observé. Avant la théorie chromosomique, cette association n'était que spéculative et envisagée de façon variée. Certains, comme De Vries, imaginaient les gènes comme les briques à partir desquelles l'organisme était construit. Selon Weismann, ils étaient plutôt des substances actives, qui participaient comme un catalyseur à cette construction de l'organisme. La théorie chromosomique s'inscrit dans cette tendance. Non seulement elle renforce la vision essentialiste de l'hérédité, mais, grâce au phénomène de recombinaison, elle permet d échapper à la contradiction entre le gène-essence invariable et la variabilité évidente de la plupart des caractères observables. La recombinaison chromosomique ne rétablit pas l'indépendance totale des gènes, comme le laissaient imaginer les travaux de Mendel, mais elle en propose une explication mécanistique satisfaisante et, surtout, analysable expérimentalement, malgré le fait que la nature matérielle exacte du gène demeure inconnue.

3

La génétique moléculaire

L'influence de la physique

Après les balbutiements du début du XXe siècle, vers les années 1930, la génétique s'est constituée comme une véritable discipline scientifique. Après avoir défini les « lois » de l'hérédité (lois de Mendel) et identifié son substrat physique (le chromosome), il restait à relier lois et substrat. Il peut paraître paradoxal que ce soit un physicien, Erwin Schrödinger, qui, en 1944, dans un petit ouvrage intitulé *Qu'est-ce que la vie ?*, ait formulé l'hypothèse devenue la thèse fondamentale de la génétique moderne et lui ait donné son programme de recherche pour les vingt années suivantes.

Schrödinger n'avait lui-même jamais fait de recherches en génétique et le regard qu'il portait sur le vivant était celui d'un physicien. Il est parti du constat que, dans le monde physique, les phénomènes macroscopiques apparemment ordonnés sont fondés sur le comportement aléatoire et statistique de composants microscopiques. Si les phénomènes macroscopiques apparaissent comme déterminés et réguliers, cette précision provient du grand nombre de particules microscopiques qui y participent. Par exemple, alors que le mouvement d'une molécule de gaz est désordonné à chaque instant, le comportement du gaz, qui est composé d'un nombre très élevé de molécules, peut être caractérisé par des paramètres simples comme le volume et la température. Ce comportement macroscopique déterministe est basé sur le comportement microscopique statistique, individuellement aléatoire, des molécules. Schrödinger souligne : « Celui qui n'est pas physicien trouve difficile que les lois ordinaires de la physique, qu'il considère comme le prototype de la précision inviolable, soient vraiment basées sur la tendance statistique de la matière vers le désordre. »

Il s'est posé la question de savoir si ce principe, qu'il a appelé « l'ordre à partir du désordre », pouvait s'appliquer au vivant. En se référant à l'avis des généticiens de l'époque, Schrödinger a constaté que, contrairement au monde physique, l'ordre, c'est-à-dire les caractères d'une cellule vivante, est déterminé et transmis par les chromosomes. Or, si l'on adopte le même principe qu'en physique, le nombre de chromosomes est trop petit pour que le comportement des cellules vivantes soit déterminé par eux. Le comportement du vivant semble ainsi s'opposer aux lois de la physique. L'ordre dans le vivant ne peut venir du désordre. Comme le dit l'auteur,

« la permanence est inexplicable par la physique classique » ! Schrödinger fait donc l'hypothèse que le vivant obéit à des lois différentes, qui lui sont spécifiques et sont basées sur le principe « l'ordre basé sur l'ordre ». Et il déclare : « La vie paraît être un comportement ordonné et réglementé de la matière, comportement qui n'est pas basé exclusivement sur la tendance à passer de l'ordre au désordre, mais basé en partie sur un ordre existant qui se maintient. »

Sur la base de spéculations concernant la taille et la structure du gène, Schrödinger définit comment, selon lui, doit être un gène : « Une association bien ordonnée d'atomes, douée d'une résistivité suffisante pour maintenir cet ordre indéfiniment, est précisément la seule structure matérielle imaginable offrant une variété d'arrangements ("isomériques") suffisante pour incorporer un système complexe de "déterminations" sous un petit volume limite. » Sur la base de cette description, il conclut : « [...] avec l'image moléculaire du gène, il n'est pas inconcevable que le code en miniature puisse se trouver en correspondance exacte avec le plan de développement très complexe et très élaboré, et contenir en même temps les moyens de la mettre en exécution ».

Si ces phrases n'avaient pas été écrites dix ans avant la découverte de la structure de l'ADN et le rôle que la génétique lui attribue, on aurait pu penser qu'il s'agissait là de la conclusion de ces travaux et non d'une hypothèse ! Mais, quand on connaît l'ordre chronologique réel, l'hypothèse de Schrödinger ressemble plutôt à une proposition de programme de recherche. On pourrait dire : « Schrödinger l'a rêvé, les biologistes l'ont fait. »

L'influence de Schrödinger sur la biologie a été très importante, aussi bien en renforçant la vision déterministe du vivant que dans l'approche réductionniste qu'elle suggère. Ni l'une ni l'autre ne sont vraiment nouvelles pour les biologistes, mais venant d'un physicien fondateur de la physique statistique c'est une confirmation forte.

La double hélice

L'histoire de la découverte de l'ADN comme support de l'hérédité et de sa structure en double spirale, qui date de 1953, est bien connue. La décennie qui a suivi la découverte de James Watson et de Francis Crick est probablement la période la plus intense de l'histoire de la génétique. Elle a posé les bases de la biologie moléculaire et consolidé la vision de l'hérédité proposée par Schrödinger.

L'essentiel des connaissances sur l'ADN, sa structure et sa fonction ont été présentées de nombreuses fois. Elles font même partie des connaissances qu'on apprend à l'école. Nous ne les résumons donc ici que très succinctement. Composante principale des chromosomes, l'ADN est une macromolécule composée de deux chaînes enroulées l'une autour de l'autre, qui forment ainsi une double hélice. Les maillons des chaînes sont quatre nucléotides que l'on appelle adénine, thymine, guanine et cytosine ou, par souci de simplicité, A, T, G, C. Les nucléotides sont liés entre eux par une liaison chimique très stable. La succession des nucléotides forme la séquence de l'ADN. Les deux chaînes sont complémentaires, c'est-à-dire que la séquence de l'une détermine celle de l'autre. En effet, à chaque A correspond un T sur la chaîne complémentaire et à chaque C un G. Les nucléotides constitutifs des chaînes complémentaires sont reliés entre eux par des liaisons faibles ; ces dernières peuvent donc être rompues, ce qui permet la séparation des deux chaînes sans endommager la séquence des nucléotides. Voilà la structure de l'ADN en quelques mots.

Ce qui rend cette structure si intéressante et unique, c'est la facilité avec laquelle on peut fabriquer deux molécules d'ADN identiques à partir d'une seule. C'est exactement ce qui se passe dans chaque cellule avant qu'elle se divise : les deux chaînes de l'ADN sont séparées par un mécanisme biochimique et chaque chaîne sert de patron pour synthétiser une nouvelle chaîne complémentaire. Ainsi, la cellule se retrouve avec deux copies identiques. Au cours de la division cellulaire, les deux copies se partagent entre les deux cellules filles. Les biologistes moléculaires ont l'habitude de dire que l'ADN « se duplique ». De toute évidence, c'est un abus de langage, car l'ADN n'a aucune activité propre : la duplication nécessite l'intervention d'une complexe machinerie cellulaire. C'est néanmoins ce qui différencie véritablement l'ADN des autres macromolécules et en fait un acteur privilégié de l'hérédité : elle est la seule molécule pouvant être dupliquée à l'identique par une machinerie cellulaire.

L'autre particularité de l'ADN est le rôle qu'il joue dans la synthèse des protéines. Composantes majeures des cellules vivantes, les protéines sont des macromolécules composées d'une chaîne (une chaîne polypeptidique en langage savant) dont les maillons sont des acides aminés. Il y a vingt acides aminés différents. Or l'ordre des acides aminés dans la chaîne qui forme une protéine est déterminé par l'ordre des nucléotides dans la séquence de l'ADN. Pour la génétique moléculaire, le gène est le segment de l'ADN qui contient le code de la séquence des acides aminés d'une protéine. Par exemple, le gène de l'albumine code pour la succession des acides aminés dans la molécule de l'albumine.

Nous connaissons bien ce code : trois nucléotides forment un « triplet » ou une « lettre » qui correspond à un acide aminé.

Ce code est traduit dans la cellule par une machinerie moléculaire complexe. D'abord, les deux brins de l'ADN sont séparés et une molécule d'acide ribonucléique messager (noté « ARNm » ou « ARN messager ») est synthétisée lors d'un processus que l'on appelle « transcription ». L'ARNm ressemble beaucoup à l'ADN, mais, à cause d'une une petite différence structurale, il ne peut pas former une double spirale comme l'ADN. Le résultat de la transcription est donc une molécule d'ARN dont la séquence nucléotidique est la copie conforme de celle de l'ADN. C'est un vrai messager, car elle sort du noyau de la cellule pour aller vers son cytoplasme où elle s'associe à d'autres structures, les polysomes (chaque polysome étant l'association de plusieurs ribosomes). C'est ici que les protéines sont synthétisées, en utilisant l'ARNm comme une matrice. Ce processus de synthèse des protéines s'appelle « traduction », car il consiste à traduire le code de l'ADN sous la forme de la séquence d'acides aminés de la protéine. La réunion de la transcription et de la traduction constitue ce que l'on appelle l'« expression » du gène.

Du point de vue de la génétique, ce ne sont pas les détails biochimiques qui nous intéressent dans ce processus très compliqué, mais l'interprétation qui en est donnée. En dix ans, la biologie moléculaire a réussi à comprendre la relation entre la molécule d'ADN et la synthèse des protéines. Au prix de quelques simplifications, on peut dire que, grâce à l'activité de la machinerie moléculaire de la transcription, qui synthétise la molécule de l'ARNm, et de la traduction, qui synthétise la protéine en utilisant l'ARNm comme matrice, la séquence de l'ADN détermine la structure primaire de la protéine. À chaque protéine correspond une séquence de l'ADN sur le chromosome. Il s'agit donc d'une relation unidirectionnelle, car les réactions biochimiques vont seulement dans un sens :

il n'y a pas de synthèse possible de l'ADN en utilisant la séquence des acides aminés comme patron. Crick, le codécouvreur de la structure de l'ADN, a qualifié cette relation unidirectionnelle de « dogme central de la biologie moléculaire ».

La génétique moléculaire a donné une interprétation plus large de cette découverte. Elle considère que la correspondance entre la séquence de l'ADN et celle des acides aminés dans la protéine est le *code* de la structure de la protéine. Il faut se rappeler que les protéines sont des constituants essentiels du vivant. Certaines d'entre elles sont non seulement des enzymes, c'est-à-dire des molécules qui catalysent les réactions biochimiques, mais aussi des éléments d'architecture essentiels des cellules et des organismes multicellulaires. On peut dire que les caractères du vivant dépendent majoritairement des protéines qui les constituent. En simplifiant à l'extrême, les protéines « fabriquent » le phénotype. Par conséquent, la séquence de l'ADN qui code la protéine est un gène qui détermine le caractère par l'intermédiaire de la protéine qu'il code. Tout semble confirmer les prédictions théoriques d'Erwin Schrödinger : le gène est constitué d'une très grande molécule, l'ADN, et sa structure, c'est-à-dire sa séquence nucléotidique, code le caractère qui y est associé. La génétique classique a formalisé la notion d'hérédité grâce au couple de concepts gène-caractère ou génotype-phénotype. Elle a apporté une réponse à la question de la transmission des caractères par le gène, qui n'était d'abord qu'un outil conceptuel, puis un emplacement sur le chromosome. La découverte de la structure de l'ADN a modifié cette idée en identifiant le gène à une substance chimique, plus exactement à un segment de l'ADN. Cette nouvelle définition est rapidement devenue universellement acceptée. De nos jours, le terme « gène » est inséparable de celui d'« ADN ».

Le gène est un dieu hindou

Paradoxalement, l'idée d'une unité abstraite, non matérielle, de l'hérédité n'a pas disparu pour autant. Bien au contraire ! Simultanément à la définition du gène comme substance chimique, une nouvelle notion est apparue dans la science de l'hérédité, celle d'information héréditaire. D'où vient-elle ? La théorie de l'information est apparue à peu près en même temps que la génétique moléculaire. Elle a formalisé l'utilisation de concepts comme ceux de code, de message ou d'information, dans le cadre de l'étude mathématique de la communication. La génétique a simplement importé ces termes et les a adaptés pour son propre usage. Il est en effet possible de considérer la transmission des gènes entre les parents et leur descendance comme un transfert d'information, le code génétique comme un message codé et la réalisation du phénotype comme un décodage du message codé par le génome. Tout cela est en parfaite concordance avec les postulats de Schrödinger, lesquels sont basés sur la vision weismannienne de l'hérédité, largement partagée par la majorité des généticiens.

L'innovation apparaît donc comme linguistique plutôt que conceptuelle. L'utilisation de la terminologie informatique a été inspirée par le contexte scientifique du milieu du XXe siècle. Si, au départ, il s'agissait peut-être d'une simple métaphore, très rapidement la génétique a affirmé qu'elle ne faisait qu'appliquer au gène la notion d'information, une notion universelle avec des bases physiques et mathématiques indiscutables. Pourtant, la théorie de l'information écarte explicitement du champ de ses investigations la signification du message transmis. La génétique, en revanche, utilise le terme « information » comme dans le langage courant, en faisant référence à son contenu. Voici ce que dit James Watson : « Nous savons maintenant que la vie n'est rien d'autre qu'une vaste série de réactions chimiques coordonnées. Le secret de cette coordination réside dans le jeu complexe d'instructions inscrites chimiquement dans notre ADN. » L'information génétique est donc définie par son contenu et par sa signification supposée tandis que, pour la théorie de l'information, c'est une grandeur mesurable qui n'a pas de signification directe.

C'est en génétique de l'évolution que la définition du gène comme « information » immatérielle a connu son paroxysme, au début des années 1970. Richard Dawkins, auteur du célèbre ouvrage *Le Gène égoïste*, est allé jusqu'au bout de cette logique en proposant de séparer ce qui, selon lui, est transmis de ce qui transmet. Ce qui est transmis, c'est l'« information génétique » ; ce n'est pas une entité matérielle et cela ne doit surtout pas être confondu avec l'entité matérielle. La nature de la substance qui constitue le support matériel de cette information n'a aucun intérêt, car elle n'a aucune incidence sur la nature immatérielle de l'information héréditaire. Son rôle, qui n'est que la transmission de l'information, peut être accompli par l'ADN, mais aussi par n'importe quelle autre substance. Dans un ouvrage intitulé *Les Avatars du gène*, trois scientifiques français, Pierre-Henri Gouyon, Jean-Pierre Henry et Jacques Arnould, expliquent cette dualité en ces termes : « Pour désigner ce qui transmet l'information génétique, son support matériel, on utilise le terme d'« avatar », emprunté à la religion hindoue où il s'applique aux formes matérielles prises par le dieu Vishnu au cours de ses visites sur terre. » On ne peut pas être plus clair !

En définissant l'information héréditaire immatérielle comme l'unité de sélection, la vision de Dawkins permet de traiter de façon originale certains problèmes soulevés par la biologie de l'évolution. Bien qu'importantes, ces questions ne sont pas discutées ici car, ce qui nous intéresse, c'est le rapport entre le gène comme substance matérielle, d'une part, et le gène comme information héréditaire, d'autre part.

Bien que la nature de l'« avatar » soit censée n'avoir aucune importance, la vision de Dawkins a bien besoin de l'ADN et non pas d'autre chose comme transmetteur de l'information. En effet, c'est bien grâce à l'ADN que l'explication mécanistique de la réplication et de la mutation génétique est devenue possible et, jusqu'à maintenant, aucune autre structure n'a permis de le faire. Ces deux caractéristiques sont absolument indispensables pour la synthèse de la théorie de l'évolution et de la génétique. La mutation génétique représente un point de passage entre l'« information » immatérielle et son porteur. D'un côté, le gène, purement immatériel, est porté par la substance matérielle inerte. D'un autre côté, le changement de la substance porteuse, c'est-à-dire la mutation de la séquence nucléotidique, change l'« information » qu'elle est censée porter passivement.

Cette situation paradoxale est la conséquence de l'ambiguïté de la définition du gène. Cependant, en fin de compte, cette ambiguïté se révèle assez confortable, puisqu'elle permet d'utiliser la définition du gène tout en jouant sur deux tableaux dès qu'une difficulté apparaît. Par exemple, il s'avère que les segments de l'ADN codant la structure primaire des protéines ne sont pas nécessairement colinéaires avec la séquence des acides aminés de la protéine : les séquences codantes sont interrompues par de longues parties non codantes appelées « introns ». De plus, même l'ARNm transcrit à partir de l'ADN est sujet à modifications avant sa traduction en protéines, au cours d'un processus appelé « épissage ». La même séquence d'ADN peut ainsi coder pour plusieurs protéines différentes.

Il est donc devenu impossible de déterminer où commence un gène et où il se termine, ce qui n'est pas compatible avec la définition du gène comme unité indivisible de l'hérédité. Pour résoudre cette contradiction, il suffit d'affirmer que le gène est seulement porteur de l'information génétique, qu'il transmet l'information, mais qu'il n'en fait pas partie. Aussi étrange que cela puisse paraître, cette interprétation détache totalement l'« information » héréditaire de la capacité de la séquence d'ADN à coder une protéine et, par extension, un phénotype ! En suivant la logique de Dawkins, même les séquences d'ADN complètement dépourvues de toute capacité de codage, comme les séquences répétées, portent une « information héréditaire ».

Mais comment expliquer l'origine de cette mystérieuse information génétique ? Pour répondre à cette question, il est pratique d'identifier le gène à une partie de la molécule d'ADN. L'explication avancée est que, dans les formes primitives du vivant, la structure et l'information ne font qu'un. L'information s'est séparée de l'ADN à un stade ultérieur, quand les organismes vivants sont devenus plus complexes. Cette réponse n'explique pas comment l'information génétique a pu évoluer *a posteriori* à partir du « résultat », c'est-à-dire à partir de l'organisme déjà existant. Pire encore, cette hypothèse est malheureusement inaccessible à l'analyse scientifique. Il est donc impossible de la vérifier ou de la réfuter.

Cette situation est donc peu scientifique, certes, mais confortable, car elle permet de faire cohabiter des concepts contradictoires dans la même définition. C'est précisément l'ambiguïté de la définition du gène qui a permis d'effectuer la synthèse de la génétique et de la théorie de l'évolution, en conciliant le côté profondément « préformationniste » de la première avec la seconde. Par ailleurs, l'abandon de l'« information » héréditaire aurait placé la génétique sur des bases complètement matérialistes et nécessité une révision complète de ses fondements conceptuels.

Le programme génétique

Revenons à la génétique moléculaire. Ses ambitions vont plus loin que celles de la génétique classique : expliquer *comment* le gène détermine le caractère. Pour atteindre cet objectif, elle se sert de l'approche théorique fondée par la génétique classique et synthétisée avec la plus grande clarté par Schrödinger. Voici ce que dit James Watson, le codécouvreur de la structure de la double hélice : « Nous savons maintenant que la vie n'est rien d'autre qu'une vaste série de réactions chimiques coordonnées. Le secret de cette coordination réside dans le jeu complexe d'*instructions* inscrites chimiquement dans notre ADN. »

Il s'agit en fait de l'extension de l'idée du codage par l'ADN, en remplaçant ce dernier par le gène et la protéine par le caractère. Ainsi, ce qui n'était qu'un postulat de base de la génétique classique apparaît comme s'appuyant sur des observations expérimentales et non pas comme une construction théorique préalable à l'expérimentation. Par conséquent, si l'on admet que l'ADN détermine le caractère, alors il est logique que le décodage de sa séquence fasse partie de la réalisation du phénotype, la transcription du gène et la traduction de l'ARN messager n'en représentant que les premiers pas. Pour comprendre comment le gène « fabrique » le phénotype, il est donc nécessaire de décrire les autres étapes du processus, c'est-à-dire de produire la description détaillée de chaque réaction biochimique, de chaque interaction moléculaire du vivant.

Cette opinion est en accord complet avec la vision déterministe qui caractérise la biologie depuis le XVIIe siècle. Rappelons-nous ce qu'a dit Descartes dans son *Discours de la méthode*, en 1635 : « Si on connaissait bien quelles sont toutes les parties de la semence de quelque espèce d'animal en particulier, par exemple l'homme, on pourrait déduire de cela seul, par des raisons entièrement mathématiques et certaines, toute la figure et conformation de chacun de ses membres. » La génétique moléculaire a repris cette vision presque sans changement, seule la terminologie a évolué. François Jacob, Prix Nobel de génétique, pionnier de la génétique moléculaire, a exprimé la même idée dans le contexte de l'hérédité : « L'hérédité se décrit aujourd'hui en termes d'information, de message, de code. La reproduction d'un organisme est devenue celle des molécules qui le constituent. [...] la structure des macromolécules est déterminée jusque dans le détail par des séquences de quatre radicaux chimiques contenus dans le patrimoine génétique. Ce qui est transmis de génération en génération, ce sont les "instructions" spécifiant les structures moléculaires » (*La Logique du vivant*, 1970).

L'idée d'instructions codées dans le génome porte une contradiction. Tout organisme multicellulaire est composé de cellules présentant des caractéristiques phénotypiques – morphologiques et physiologiques – très diverses. Pourtant, toutes ces catégories de cellules possèdent le même génome. Comment est-il possible que les mêmes instructions conduisent les cellules vers des phénotypes si différents ? *Il est important de se rendre compte que cette contradiction est intrinsèque à la distinction génotype/phénotype.* Elle a été identifiée par la génétique classique longtemps avant la découverte de l'ADN. Thomas Morgan l'a formulée dans son discours du prix Nobel en 1935 : « Si les caractères de l'individu sont déterminés par les gènes, pourquoi toutes les cellules d'un corps ne sont-elles pas identiques ? Toutes les cellules portent les mêmes gènes. Pourquoi alors certaines deviennent-elles cellules musculaires, d'autres cellules nerveuses ou d'autres encore continuent-elles à se reproduire ? »

Trente ans plus tard, la génétique moléculaire a répondu que, si les cellules sont capables de se différencier, c'est grâce à l'expression sélective et ordonnée de certains gènes. En effet, nous savons que les différents types cellulaires n'expriment pas les mêmes gènes au cours du développement : un gène n'est transcrit qu'à certains moments précis du processus de développement et seulement dans certains types de cellules, et chaque type peut être caractérisé par les gènes qui y sont exprimés.

Il est évident que, si le vivant est conçu comme une machine, une telle expression programmée des gènes est inimaginable sans une régulation de haute précision qui détermine où, quand et comment un gène doit être exprimé. Les gènes étant des instructions codées, la régulation qui permet l'exécution ordonnée de ces instructions ne peut qu'être assimilée à un programme : « Chaque œuf contient donc, dans les chromosomes reçus de ses parents, tout son propre avenir, les étapes de son développement, la forme et les propriétés de l'être qui en émergera. L'organisme devient ainsi la réalisation d'un programme prescrit par l'hérédité » (François Jacob, *op. cit.*). L'expression « programme génétique » est apparue dans les années 1960, dans les travaux de Jacques Monod et François Jacob, deux pionniers de la génétique moléculaire, ainsi que dans ceux du biologiste de l'évolution Ernst Mayr. Le double caractère génétique et ontogénétique de la notion de programme tente de réunir la génétique et l'embryologie. La génétique moderne est plutôt d'inspiration préformationniste tandis que l'embryologie prend racine dans la théorie de l'épigenèse. La notion de programme génétique peut donc être considérée comme une tentative pour réconcilier ces deux visions pourtant contradictoires. Mais, en réalité, il s'agit plutôt d'une subordination de l'épigenèse à la préformation. On peut citer Ernst Mayr : « La théorie de l'épigenèse avait raison de soutenir qu'au début l'œuf est indifférencié, et la théorie de préformation avait raison de dire que le développement est contrôlé par quelque chose de préformé, ce que nous appelons maintenant le programme génétique. » Mais le père de la notion de programme génétique a omis d'ajouter que c'est le programme qui domine tout ! Les formes et les propriétés de l'organisme ainsi que l'ordre des événements et les étapes du développement sont déterminés par les instructions du programme génétique inscrites dans le génome. L'environnement peut influencer certaines étapes, mais son rôle est tout à fait secondaire par rapport au programme inclus dans les cellules vivantes. Dans le scénario de l'ontogenèse, l'acteur principal est le gène. Il est considéré comme porteur d'une instruction précise et son expression est la « cause » de changements morphologiques et fonctionnels, comme la différenciation cellulaire au cours du développement.

La compréhension du problème de la différenciation cellulaire et du développement embryonnaire en général passerait-elle donc par l'élucidation de la régulation de l'expression génique ? C'est bien le postulat de la génétique moléculaire. Il suffirait de comprendre comment la transcription d'un gène est activée spécifiquement et comment est régulé ce processus, qui n'est finalement qu'une réaction chimique catalysée par des protéines appelées « enzymes », pour expliquer comment une cellule change le jeu des gènes exprimés et, en fin de compte, acquiert un phénotype particulier.

Une molécule, un programme de recherche

Sur la base de ces travaux, la génétique s'est donc donné le double objectif de décrypter le programme génétique – c'est-à-dire de séquencer le génome – et de décrire comment ce programme est réalisé – c'est-à-dire de comprendre la régulation des gènes. On a ainsi obtenu des progrès scientifiques rapides. Selon le biologiste de l'évolution renommé John Maynard Smith, « ce progrès a été rendu possible par l'application à cette question du développement des idées et méthodes de la génétique. La justification de cette approche se résume au fait que les gènes portent, sous forme codée, toutes les instructions nécessaires pour construire un organisme vivant » (*La Construction du vivant*, 1998).

La vision déterministe a inspiré une méthodologie réductionniste : le travail de recherche doit se concentrer sur la description méticuleuse des détails en s'appuyant sur des méthodologies de plus en plus sophistiquées. Un véritable consensus idéologique s'est créé autour de la vision « tout génétique », non seulement entre les spécialistes, mais aussi dans l'opinion publique en général. Les conséquences de la notion de programme génétique vont ainsi bien au-delà de son importance pour la génétique. Le séquençage de génomes entiers – surtout celui du génome humain – a été le projet de recherche le plus médiatisé et probablement le plus coûteux de l'histoire de la biologie. Considéré comme le déchiffrage du « livre de la vie », il a mobilisé des efforts matériels et humains jamais rassemblés auparavant.

En effet, si le programme génétique existait, sa compréhension ouvrirait une voie qui permettrait de le modifier ou de le corriger – un vieux fantasme de l'humanité. Mais, comme cela arrive tôt ou tard à tout paradigme scientifique, celui de la génétique hyperdéterministe atteint ses limites de capacité explicative et, depuis quelque temps, les signes de faiblesse deviennent de plus en plus fréquents. Pour comprendre pourquoi, nous allons brièvement résumer les points les plus importants qui conduisent actuellement à une révision des fondamentaux.

Séquençage des génomes

Le premier objectif a été de décrypter le programme génétique avec, pour y parvenir, le séquençage des génomes de différents organismes, le plus important étant le génome humain. Le projet s'est appuyé sur les connaissances accumulées depuis les années 1970 à 1990 à propos de l'identification systématique des gènes dans des organismes très divers, de la détermination de leur séquence nucléotidique et de la mise en corrélation des variantes de ces séquences avec les variantes des caractères attribués à ces gènes, le tout ayant été acquis par des méthodes de génétique traditionnelle. Ce fut une période exceptionnellement prolifique pour la génétique moléculaire. Nous n'allons pas détailler ses découvertes ici car elles sont bien connues du public. Au milieu des années 1990, le développement technologique a rendu possible le passage à une vitesse supérieure pour envisager le séquençage de l'intégralité du génome humain. Grâce à une collaboration internationale, ce travail a été terminé en 2001. L'importance que l'opinion publique a attribuée à ce projet est bien illustrée par le fait que l'accomplissement du projet fut annoncé, au cours d'une conférence de presse, par le président des États-Unis et le Premier ministre britannique ! C'est probablement la seule et unique découverte de l'histoire de la science qui a bénéficié d'un tel « privilège ».

Le génome humain n'est pas le seul à avoir été séquencé. Les séquences des génomes d'espèces comme la souris, le rat, le chien, le chimpanzé, la mouche du vinaigre, le riz, l'arabette des dames (*Arabidopsis thaliana*) ont également été déterminées – pour ne citer que des organismes souvent utilisés dans la recherche. Ces séquences constituent une vraie mine d'informations pour les chercheurs, leur permettant d'aborder toutes sortes de questions, notamment sur l'évolution du vivant.

Néanmoins, force est de constater que, malgré les connaissances acquises grâce aux séquences génomiques, nous ne comprenons toujours pas la façon dont fonctionne le vivant. Ce résultat était prévisible, mais l'enthousiasme général avant et pendant le projet avait étouffé les critiques. Pourtant, longtemps avant celui des grands génomes, l'ADN de plusieurs bactéries et de la levure avait été séquencé sans que cela ait permis de comprendre le fonctionnement de ces organismes pourtant simples. Comment aurait-on alors pu comprendre un organisme multicellulaire ? N'aurions-nous pas dû nous poser cette question : une description de plus en plus détaillée des composants du vivant nous rapprochera-t-elle de la compréhension de son fonctionnement ? Certainement pas plus que la lecture du catalogue des pièces détachées d'un moteur d'avion ne permet d'en déduire les lois de l'aérodynamique.

Bien que certains biologistes objectent que la vision orthodoxe du programme génétique soit dépassée, bien qu'aucun chercheur de nos jours ne pense plus le développement comme un processus programmé de façon aussi rigide qu'il l'a été, la vision déterministe reste dominante. Elle survit grâce à des hypothèses *ad hoc*. L'argumentaire en faveur d'une notion de programme génétique qui expliquerait le fonctionnement du vivant parce que, comme disait James Watson, le « secret de la vie » se trouverait codé dans le génome est régulièrement réutilisé pour justifier de nombreux programmes de recherche visant à dresser le catalogue des protéines, ARN messagers, lipides et autres métabolites. On entend le plus souvent dire qu'après l'inventaire des gènes il est nécessaire de faire l'inventaire des autres composants de la cellule et que, lorsqu'il sera réalisé, on comprendra comment fonctionne le vivant. D'où le foisonnement de nouvelles disciplines – des « -omics », en référence à la *genomic* anglaise. Mais, selon l'argument classique, c'est la compréhension de la régulation génique qui nous permettra de déchiffrer le « vrai secret » du génome.

La régulation des gènes

Le paradigme du déterminisme génétique considère donc que le phénotype de l'individu est codé dans la séquence nucléotidique du génome et que son développement est la réalisation d'un programme. Ce programme n'est rien d'autre que l'activation et l'extinction séquentielle et coordonnée des gènes au cours du développement. Il permet aux bonnes protéines d'être synthétisées dans la bonne cellule au bon moment. Toujours selon ce paradigme, un processus aussi compliqué que le développement d'un organisme multicellulaire suppose une très grande précision, qui ne doit laisser aucune place au hasard. Les gènes doivent donc être assujettis à une régulation très stricte et, pour comprendre comment ils « fabriquent » le phénotype, il est nécessaire de comprendre cette régulation. De toute évidence, la détermination de la séquence nucléotidique n'en est que la première étape.

Mais comment une séquence linéaire de nucléotides dans la molécule d'ADN peut-elle assurer une telle régulation et programmation ? Une formulation du point de vue de la génétique moléculaire est donnée dans un article intitulé « La théorie unifiée de l'expression génique », publié en 2002 dans la revue *Cell* : « La façon dont un gène donné est régulé est codée dans sa séquence. Différentes séquences d'ADN présentes dans les régions promotrices, les séquences non traduites et les séquences traduites, dictent le taux de transcription, la transformation et l'épissage du pré-ARNm, l'export de l'ARNm et la synthèse de la protéine. Ainsi, la définition de ces différentes classes de séquences de régulation permettra, en théorie, de discerner les modes de régulation appliqués à n'importe quel gène à partir de sa séquence. ».

En langage compréhensible, cette citation dit que la transcription des séquences de l'ADN qui codent pour des protéines est régulée par des séquences dites « régulatrices ». La transcription d'un gène est activée si une protéine régulatrice capable de reconnaître de façon spécifique la séquence régulatrice du gène en question se fixe sur elle et active les enzymes qui catalysent la synthèse de l'ARNm. De même, il y a des protéines répresseurs qui inhibent la transcription de leur gène cible en se liant à leurs séquences régulatrices. Les protéines régulatrices étant elles-mêmes codées par des gènes, c'est bien, *in fine*, la séquence de l'ADN qui code chaque étape du processus.

Ce modèle de régulation est basé sur l'interaction spécifique entre les protéines et les séquences de régulation qu'elles sont censées réguler. Cela signifie qu'il y a deux types de gènes : ceux qui codent pour les protéines régulatrices, appelés « facteurs de transcription », et ceux qui codent pour les protéines exécutant les diverses autres tâches. Au cœur du modèle se trouve la spécificité de l'interaction, seule responsable de la précision de l'exécution du programme.

Ce modèle est fondé sur les études de régulation génique chez la bactérie *Echerichia coli* menées par Jacques Monod et François Jacob dans les années 1960. Ces chercheurs ont identifié trois gènes qui constituaient une unité de régulation ou « opéron », contrôlée par une seule protéine. Leur modèle, simple et élégant, satisfaisait parfaitement aux conditions que l'on posait pour un mécanisme de régulation déterministe pouvant participer au programme génétique. Par conséquent, la communauté scientifique l'a rapidement adopté et l'a appliqué pour expliquer la régulation des génomes des organismes multicellulaires, pourtant beaucoup plus complexes que celui de la bactérie. L'extrait de l'article cité plus haut témoigne du succès du modèle, même quarante ans plus tard ! La recherche sur la régulation génique s'est donc concentrée sur des facteurs spécifiques de transcription, car elles représentaient la clé de voûte du modèle de programme génétique.

Le hasard de l'expression génique

Un grand nombre de facteurs de transcription ont été découverts depuis les années 1980 et leur nombre ne cesse d'augmenter. Les difficultés ont aussi commencé à s'accumuler. Il s'est révélé que les facteurs de transcription ne sont pas assez spécifiques : le même facteur peut avoir plus de sites de fixation sur l'ADN que le nombre de molécules de ce facteur dans le noyau de la cellule ; et nombre de ces sites se trouvent en dehors de toute région régulatrice. La fixation d'une molécule de facteur de transcription ne peut donc pas toujours être associée à la régulation de l'expression génique, il y a des interactions « inutiles ». En outre, de nombreux gènes possèdent des sites de fixation pour plusieurs facteurs de transcription.

Pour faire face aux difficultés, le modèle a bien entendu évolué avec les découvertes. Pour expliquer pourquoi les facteurs ne sont pas assez spécifiques, on a postulé que la spécificité de la régulation de chaque gène était assurée par une combinaison particulière de facteurs de transcription. Dans ce cas, chaque gène est supposé avoir sa propre combinatoire. Avec le nombre élevé de facteurs de transcription connus, le nombre de combinaisons spécifiques serait effectivement suffisant pour réguler chaque gène.

Malheureusement, cette hypothèse ne tient pas compte du fait que, plus le nombre de composants est grand, moins il est probable que tous les composants se rencontrent en même temps au même endroit, précisément là où se trouve le gène qu'ils régulent. Le mouvement des molécules dans le noyau est passif, il n'est déterminé que par l'agitation thermique de petites et grandes molécules, c'est-à-dire par la diffusion. Par conséquent, l'assemblage des facteurs de transcription et d'autres enzymes nécessaires à la transcription du gène est un événement probabiliste. La probabilité du succès, plus ou moins grande, est fonction de la disponibilité des composants. En général, les molécules des différents facteurs de transcription sont présentes dans le noyau en quantités variables, mais pas très élevées. En revanche, le nombre des gènes ne varie pas. Il n'y a que deux copies du même gène, un sur chacun des deux chromosomes homologues. Dans ces conditions, l'expression d'un gène reste un événement aléatoire.

Des études expérimentales récentes ont parfaitement confirmé cette théorie.

Citons le cas de l'opéron de lactose, qui a servi d'exemple pour le modèle déterministe de régulation génique. Dans ses travaux récents, le chercheur américain Sunny Xiu a observé le comportement de la molécule du répresseur dont la fonction, selon le modèle déterministe, est de se fixer sur la séquence nucléotidique de l'opéron et d'empêcher la transcription. Xiu a trouvé qu'une molécule de répresseur passe en moyenne deux fois plus de temps à chercher son site de fixation qu'à y rester effectivement fixée. Pendant ce temps, l'activation de la transcription peut être induite « accidentellement ».

Le modèle déterministe fondé sur des interactions spécifiques et efficaces, donc parfaitement prédictibles, ne peut pas décrire la régulation d'un gène donné dans une cellule donnée, parce qu'il ne tient pas compte de la nature aléatoire des interactions moléculaires. Souvenons-nous de l'argument de Schrödinger. C'est en observant les mouvements ordonnés des chromosomes au cours de la division cellulaire qu'il en est arrivé à la conclusion que doivent exister des lois spécifiques en biologie pour expliquer l'ordre macroscopique, parce qu'avec le faible nombre d'éléments – les chromosomes dans ce cas précis – la loi des grands nombres ne pouvait pas assurer la régularité reproductible des événements. Cet argument est effectivement parfaitement valable pour des interactions moléculaires impliquant un petit nombre de molécules, comme l'expression d'un gène dans une cellule. Mais Schrödinger avait tort de penser que seul le principe de « l'ordre à partir de l'ordre » pouvait expliquer la structure et le développement reproductible des organismes vivants. En effet, à son époque, on ne savait pas encore que les chromosomes aussi bien que le cytosquelette responsable des mouvements chromosomiques dans la cellule sont formés par un nombre très élevé de molécules. C'est donc bien grâce à la loi des grands nombres que les mouvements apparemment parfaitement déterministes des chromosomes sont possibles. En revanche, à l'échelle d'une séquence unique d'ADN, le petit nombre de molécules en jeu rend les interactions aléatoires. Contrairement à ce qui est suggéré par les modèles strictement déterministes, il est impossible de prédire avec précision le comportement d'un gène dans une cellule donnée. En revanche, il est parfaitement possible de décrire le comportement statistique d'un gène dans une population cellulaire.

Si l'on revient à notre exemple précédent, il est tout à fait possible de prédire que, en augmentant la concentration du lactose dans le milieu, le niveau moyen de l'expression des gènes de l'opéron augmentera dans la population des bactéries. Mais il est impossible de prédire à quel moment l'opéron s'active dans une cellule donnée. La situation est très similaire dans les cellules des organismes multicellulaires eucaryotes. Même à l'intérieur d'un même tissu, il est impossible de trouver deux cellules qui expriment exactement les mêmes gènes et qui le fassent à un niveau comparable.

Le concept de programme génétique est fondé sur l'idée que l'expression génique est strictement déterministe et que l'activation et l'inactivation en cascade des gènes constituent un programme qui guide le comportement des cellules comme un chef d'orchestre. Selon ce concept, la formation d'un organisme multicellulaire serait un processus parfaitement prédictible et harmonieux, avec seulement de petites variations accidentelles. Il est clair que le fonctionnement aléatoire des gènes, avec les conséquences qu'il entraîne sur l'incertitude du phénotype cellulaire, est totalement incompatible avec une stricte programmation. Il est encore plus difficile d'imaginer comment ce programme pourrait être spécifié dans la séquence de l'ADN. S'il est justifié de considérer que le génome code les protéines de la cellule, dire qu'il code aussi le comportement de ces protéines est inexact. Il est encore moins exact de penser que le génome code des « instructions » permettant à la cellule de changer d'état de façon coordonnée dans le temps. Par analogie, cela reviendrait à dire que le catalogue de pièces détachées d'un avion de ligne détermine son plan de vol dans tous ses détails !

Comment est-il alors possible que le développement de l'embryon soit si reproductible et régulier ? La réponse à cette question n'est pas le sujet de ce bref ouvrage. Notons seulement que la physique sait depuis longtemps comment, dans le monde non vivant, l'ordre macroscopique émerge à partir du désordre au niveau microscopique. Dans le monde vivant, le mécanisme de variation/sélection à l'œuvre dans le processus de l'évolution fait apparaître l'ordre à partir d'événements élémentaires aléatoires. Il n'y a donc, en principe, aucun obstacle à envisager que l'ordre macroscopique visible dans un organisme multicellulaire soit fondé sur un désordre microscopique.

À la recherche d'autres paradigmes que celui de programme génétique, la réflexion théorique s'est orientée vers les explications du type « l'ordre fondé sur le désordre ». Une théorie récente fait intervenir explicitement le mécanisme de variation/sélection au niveau cellulaire pour expliquer le développement des organismes multicellulaires. Cette théorie permet d'éviter les contradictions du modèle fondé sur la programmation génétique.

Excursion dans le paysage épigénétique

Quelle que soit la réponse à la question de l'origine du changement dans l'organisme au cours du développement, il reste toujours à trouver la solution pour l'autre énigme : bien que le génome reste le même dans toutes les cellules de l'organisme, le phénotype de ces dernières, supposé être codé par le génome, change sans cesse. Pour la génétique moléculaire, le modèle déterministe de régulation des gènes donne la réponse : la séquence code le changement. Mais, comme nous l'avons vu, cette réponse n'est pas satisfaisante. La contradiction est pour ainsi dire codée dans le postulat fondateur de la génétique et il s'agit en effet de la forme moderne du vieux contentieux entre préformation et épigenèse.

Thomas Morgan avait déjà clairement identifié ce problème, longtemps avant l'avènement de la génétique moléculaire ; et, au cours du dernier demi-siècle, plusieurs travaux théoriques ont tenté de le résoudre en conciliant le cadre conceptuel de la génétique avec la question de l'ontogenèse. La tentative de Conrad Waddington est particulièrement intéressante. Il a proposé d'appeler « processus épigénétique » le processus « par lequel le génotype produit le phénotype ».

Waddington est connu pour ses travaux non seulement de généticien et d'embryologiste, mais aussi de théoricien. Son idée sur la nature de ce processus était bien différente de la vision dominante. La meilleure illustration de sa théorie est la métaphore qu'il a lui-même proposée pour l'expliquer : il a comparé la cellule à une boule qui dégringole sur une pente qu'il a nommée « paysage épigénétique ». L'itinéraire de la boule symbolise le parcours de la cellule au cours de sa différenciation. Le paysage étant vallonné, la boule doit souvent faire le choix entre aller à gauche ou à droite. Ces directions, qui correspondraient aux choix qu'une cellule doit faire au cours de la différenciation, ne sont pas prédéfinies, mais dépendent des contraintes qui agissent sur la cellule au moment de son passage. Autrement dit, en plus des contraintes du paysage, la vitesse, les perturbations venues de l'environnement ou de l'intérieur de la cellule entrent en jeu dans ce choix. Si la boule symbolise la cellule, le paysage est une représentation du déterminisme génétique.

Selon Waddington, la forme du paysage est déterminée par les gènes. Non pas par un seul ou un petit nombre d'entre eux, mais par tout le génome. La figure 1 reproduit

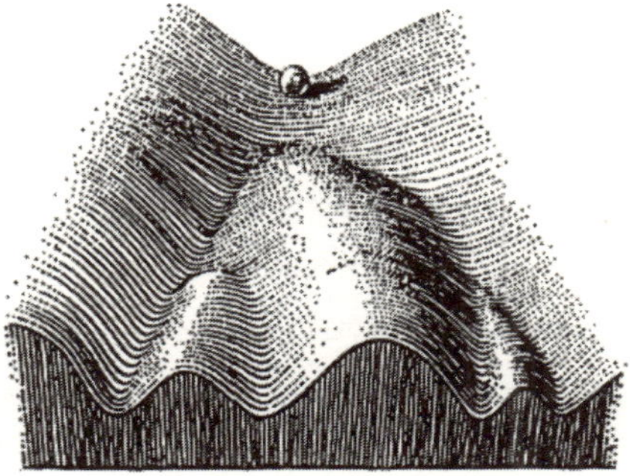

Figure 1. Le paysage épigénétique vu par Conrad Waddington.

la manière dont Waddington a lui-même illustré sa métaphore.

Il est évident que Waddington tente ainsi de synthétiser les deux idées du déterminisme génétique et d'un processus non déterministe. Bien que le rôle du déterminisme génétique reste prédominant, il se limite, comme Waddington l'a formulé, à canaliser les changements au lieu de les programmer avec précision. La part du hasard y est également importante. La théorie de Waddington, qui a longtemps été laissée de côté, est de nouveau citée depuis quelques années pour venir à la rescousse du déterminisme génétique.

Il convient de mentionner ici un autre généticien et évolutionniste, Theodosius Dobzhansky, qui a suivi une logique similaire pour réconcilier les écarts entre le cadre théorique de la génétique – selon lequel le même génotype devrait toujours produire le même phénotype –

et les observations réelles. Comme tous les généticiens, il était parfaitement conscient du fait que, contrairement aux postulats de la génétique, il n'y a pas de correspondance simple et directe entre un gène et un caractère. Très souvent, pour le même génotype, il y a plusieurs phénotypes possibles. Pour ne pas entrer en contradiction avec les principes de la théorie génétique, Dobzhansky a proposé que le génome détermine un ensemble de phénotypes possibles. Il a nommé ce répertoire phénotypique « norme de réaction ». Selon les circonstances, c'est l'un ou l'autre des phénotypes qui est réalisé. Cette théorie suit la même logique au niveau de la population que la théorie de Waddington au niveau de l'ontogenèse. Dans un cas, il s'agit d'expliquer la variation phénotypique des individus génétiquement identiques tandis que, dans l'autre, c'est l'explication de la variation phénotypique des cellules génétiquement identiques à l'intérieur de l'organisme qui est visée.

4

L'épigénétique

Définition

Rétrospectivement, les théories de Waddington et de Dobzhansky ont certainement joué un rôle précurseur dans l'émergence d'un nouveau domaine scientifique : l'épigénétique. Pour mieux comprendre comment il est né, revenons à la question de la régulation génique. La stabilité de l'expression génique après la division cellulaire pose un problème fondamental. Quand une cellule se divise, son noyau se décompose et son génome se réorganise. L'ADN se condense et les chromosomes acquièrent leur forme en petits bâtons dont le dessin est bien connu de tous. Au cours de la division, les deux copies de chaque chromosome se séparent et migrent vers les pôles opposés de la cellule, après quoi, les deux cellules filles se forment et se séparent. Les chromosomes perdent alors leur aspect condensé et un nouveau noyau se forme dans chaque cellule.

Au cours de la division, les facteurs de transcription et autres régulateurs de la transcription ne restent pas attachés aux chromosomes. Aussi, comment est-il possible que les deux cellules filles expriment les mêmes gènes que la cellule mère avant qu'elle se divise et que les gènes inactifs dans la cellule mère le demeurent dans les cellules filles ? De toute évidence, les cellules filles héritent non seulement des chromosomes, mais aussi de l'état d'activité des gènes de la cellule maternelle. Ce constat constitue une nouveauté car, jusqu'à présent, en parlant de l'hérédité, on faisait uniquement référence aux gènes eux-mêmes.

Comment est transmise l'instruction qui dit si un gène doit s'exprimer ou rester silencieux ? Les gènes sont les mêmes dans toutes les cellules du même organisme, aussi ne peuvent-ils pas coder leur état d'activité, qui varie selon le type cellulaire. Il doit être transmis par d'autres moyens. Si le terme « gène » est réservé à l'ADN et la génétique aux phénomènes héréditaires intelligibles par la transmission de l'ADN, l'hérédité indépendante des gènes existe bien. En revanche, si l'on considère que le gène est l'unité de base de l'hérédité, il est nécessaire d'admettre que l'ADN n'en est pas le seul porteur. Afin de faire la distinction, on utilise le terme « épigénétique » pour désigner les phénomènes héréditaires que la transmission de l'ADN ne peut expliquer. Les mécanismes qui y conduisent portent logiquement le nom de « mécanismes épigénétiques ». Ce nom fait, bien évidemment, référence à l'épigenèse, car la conservation de l'état d'activité d'un gène après la division cellulaire est une condition absolue de l'ontogenèse. Sans cette capacité à « mémoriser » l'état de la cellule avant la division, l'ontogenèse ne serait pas possible.

On pourrait objecter que la conservation de l'état d'activité d'un gène après la division cellulaire n'est pas assimilable à une transmission entre les générations. Cet argument serait décisif si, comme nous le verrons plus tard au travers d'exemples, des phénomènes d'hérédité de l'état d'activité entre les générations n'étaient pas connus depuis longtemps. Si ces phénomènes sont restés relativement ignorés, c'est parce que les progrès très médiatisés de la génétique classique n'ont laissé que peu de place à des problématiques difficiles à étudier selon les approches de la génétique classique ou de la génétique moléculaire. Ces phénomènes étaient mis de côté et un petit nombre de chercheurs seulement s'y intéressaient.

Mais la difficulté pratique à aborder le problème n'explique pas tout. Dans le contexte du paradigme de la génétique qui exclut, par principe, la possibilité de l'hérédité de l'acquis, un phénomène naturel qui demeurait inexplicable par les règles habituelles de la génétique était considéré avec une certaine méfiance. Ceux qui s'y intéressaient malgré tout ne recevaient que peu de soutien. Les progrès étaient donc très lents. La situation n'a changé que depuis une dizaine d'années. Sans doute l'épigénétique a-t-elle été définitivement acceptée comme domaine de recherche « légitime » lorsqu'en 2001 la prestigieuse revue *Science* lui a consacré un numéro spécial. Parmi la série d'articles sur ses développements les plus récents, la place principale a été occupée par une correspondance fictive entre deux généticiens – l'un contemporain, l'autre du début du XXe siècle – sur les contradictions de la notion du gène.

Ce n'est probablement pas par hasard si la date de publication a été choisie pour coïncider avec l'accomplissement du projet de séquençage du génome humain. Comme nous l'avons vu, la génétique était toujours confrontée à une difficulté conceptuelle : expliquer comment plusieurs phénotypes sont possibles sur la base d'un seul génotype. Après avoir séquencé plusieurs génomes, y compris celui de l'homme, il est malaisé de ne pas prendre conscience de ces difficultés. À la même période, le modèle de régulation génique basé sur la spécificité des facteurs de transcription commençait aussi à montrer ses limites. Ces circonstances ont favorisé le développement de l'épigénétique, qui est actuellement dans sa phase d'expansion.

Huit ans plus tard, il est toujours difficile de définir exactement le périmètre de cette nouvelle (sous-) discipline et il est encore plus difficile de dire si elle est capable d'apporter un éclairage nouveau sur les questions non résolues de la génétique ou s'il s'agit d'une simple extension de cette dernière. On ne peut discuter de cette question sans faire l'inventaire des connaissances et des innovations conceptuelles apportées par l'épigénétique. Il y a deux champs majeurs où la recherche dans ce domaine est active et qui correspondent globalement au deux sens portés actuellement par le terme « épigénétique » : la découverte de l'hérédité épigénétique et l'étude des mécanismes épigénétiques. D'une façon inhabituelle, nous allons d'abord discuter des mécanismes, pour mieux appréhender ensuite les phénomènes dont ils sont responsables.

Les mécanismes épigénétiques

Pour comprendre un phénomène, il est nécessaire de décrire le mécanisme qui le produit. Cela n'est possible que si les composants et leurs interactions sont identifiés. En ce qui concerne les mécanismes épigénétiques, il y a des raisons de penser que les composants les plus importants sont maintenant connus. Néanmoins, le fonctionnement exact qui permet la transmission de l'état d'activité des gènes fait encore l'objet de débats.

La nécessité d'expliquer les mécanismes de transmission de l'activité des gènes est venue des réflexions sur la régulation de leur expression au cours du développement. Comme nous l'avons vu, la régulation génique est le plus souvent considérée comme une affaire de facteurs spécifiques de régulation ; et ce modèle déterministe rencontre des difficultés lorsqu'il aborde la question dans toute sa complexité, surtout en ce qui concerne la transmission de l'état d'activité lors de la mitose et de la méiose. Et cela sans compter avec une difficulté majeure : le modèle basé sur les facteurs de transcription ne tient pas compte du fait que ni ces derniers ni les enzymes nécessaires à la transcription ou à la réplication ne peuvent accéder directement à la molécule d'ADN, ni se fixer librement sur leur séquence de reconnaissance. La cause en est simple : l'ADN ne se trouve pas à l'état libre dans la cellule, mais combiné à des protéines. Dans les cellules, le complexe ADN-protéine se présente sous forme de ce que l'on appelle la « chromatine », une matière dense qui emplit le noyau. C'est seulement au cours de la division cellulaire que la chromatine se condense et forme les chromosomes.

La chromatine a une structure particulière dans le noyau cellulaire. L'unité de base de sa structure est le nucléosome, qui comprend 8 molécules d'histones – des protéines d'empaquetage de l'ADN – et un segment de la molécule d'ADN d'une longueur de 150 nucléotides, qui est enroulé autour du noyau formé par les histones. La chromatine est composée d'une succession de nucléosomes disposés le long du fil de l'ADN, comme un collier de perles. Ce complexe nucléoprotéique est très stable, il peut même se former spontanément *in vitro*, quand on mélange une solution d'ADN et des histones dans un tube à essai. Aucune transcription n'est possible si les nucléosomes ne sont pas déplacés pour rendre l'ADN suffisamment accessible aux autres protéines. Pour que la transcription puisse se produire, les histones doivent donc d'abord se détacher de l'ADN et les deux brins de la double hélice de l'ADN doivent temporairement se séparer. Une fois la transcription terminée, le nucléosome se reforme. La stabilité du nucléosome est donc un facteur déterminant pour la transcription du gène. Plus les molécules d'histones d'un nucléosome sont difficiles à détacher de l'ADN, moins la transcription est possible.

Ce fait est connu depuis au moins quarante ans : une expérience très simple, réalisée dès les années 1960, a démontré que la présence des histones empêchait la transcription de l'ADN. Néanmoins, leur rôle dans la régulation de l'expression génique a été écarté, car le modèle prévoyait la spécificité des régulateurs. Or, dans cette optique, les histones ne présentaient aucun intérêt car ils se lient de façon non spécifique à n'importe quelle séquence d'ADN. Pourtant, leur rôle est nécessairement essentiel pour le bon fonctionnement du génome, car leur structure est parmi les mieux conservées au cours de l'évolution : il n'y a presque pas de différence entre les molécules d'histone de levure et de l'homme, alors que ces deux organismes sont très éloignés sur le plan évolutif. Cela suggère que la structure des histones est apparue très tôt au cours de l'évolution et que les changements qui l'affectent, même petits, sont désavantageux et éliminés par la sélection naturelle.

Toutefois, la chromatine n'a pas la même organisation ni la même stabilité partout dans le génome : les nucléosomes diffèrent entre eux. Leurs différences sont la conséquence de modifications chimiques des histones qui forment les nucléosomes, comme la phosphorylation, l'acétylation, la méthylation, la polyADP-ribosylation… Ces altérations d'histones, qui portent le nom de « modifications épigénétiques », ne surviennent pas au hasard. Elles sont catalysées par des enzymes dédiés à cette fonction. Une famille d'enzymes catalyse l'acétylation, une autre est spécialisée sur la méthylation, et ainsi de suite. De façon remarquable, toutes les modifications épigénétiques sont réversibles. Les réactions opposées, qui rétablissent l'état des histones d'avant la modification, sont catalysées par d'autres enzymes. L'existence d'une machinerie aussi complexe et sophistiquée suggère que les modifications épigénétiques jouent un rôle important dans le fonctionnement de la chromatine. Cette importance est confirmée par le fait que les types de modifications, aussi bien que les enzymes qui en sont responsables, sont également très bien conservés au cours de l'évolution des organismes vivants, depuis la levure jusqu'à l'homme.

L'importance fonctionnelle des modifications épigénétiques réside dans le fait que celles-ci modifient profondément la stabilité de la chromatine en agissant sur la capacité des nucléosomes à interagir entre eux et avec d'autres protéines nucléaires. L'ensemble de ces modifications sur une région chromosomique a une influence majeure sur la structure et la stabilité générale de cette région, et il détermine si l'ADN est accessible à d'autres protéines, y compris les facteurs de transcription ou l'ARN polymérase, qui catalyse la synthèse des ARN messagers. Il est donc logique

que la présence ou l'absence de certains types de modifications puisse être corrélée à l'activité de transcription des gènes de la région. En général, on parle de « signature épigénétique », de « profil épigénétique » ou encore d'« empreinte épigénétique » pour indiquer l'ensemble des modifications épigénétiques qui caractérise la région du génome.

Globalement, il y a deux types de signature épigénétique. Le premier, qui porte le nom d'« euchromatine », caractérise les régions de la chromatine où, grâce à la stabilité réduite des nucléosomes, l'ADN est plus facilement accessible aux enzymes de transcription. L'euchromatine est caractérisée par l'abondance des acétylations des histones et généralement par une absence de méthylation. Le second type, qui porte le nom d'« hétérochromatine », caractérise les régions de la chromatine inactives du point de vue de la transcription, car les modifications épigénétiques confèrent une stabilité accrue aux nucléosomes, ce qui rend l'ADN difficilement accessible. L'hétérochromatine est définie par une signature épigénétique opposée à l'euchromatine : pas ou peu d'acétylation et une abondance de méthylations non seulement des histones, mais aussi des cytosines dans les séquences régulatrices de l'ADN.

Les modifications épigénétiques contribuent également à l'organisation de la structure globale de la chromatine. Les chromosomes occupent des territoires distincts dans le noyau de la cellule et l'organisation des sous-régions, selon qu'elles sont actives ou inactives à l'intérieur de ces territoires, est en corrélation avec la nature des modifications épigénétiques. Sur un même chromosome, on peut ainsi identifier des domaines entiers d'euchromatine ou d'hétérochromatine où s'accumulent les régions génomiques respectivement actives ou inactives.

Remarquons également que ce qui est vrai pour la transcription l'est également pour la réplication de l'ADN, qui n'est également possible que si l'ADN est accessible à la machinerie enzymatique qui catalyse sa synthèse et si les deux brins de la double spirale sont séparés temporairement. Il n'est pas surprenant que les modifications épigénétiques influencent la réplication. Il y a une bonne corrélation entre la structure de la chromatine et la vitesse de la réplication : les régions du génome caractérisées par une conformation euchromatique sont dupliquées plus rapidement que les régions hétérochromatiques.

Mais les mécanismes épigénétiques n'interviennent pas seulement dans la régulation de l'activité transcriptionelle. Les travaux de recherche menés depuis le milieu des années 1980 ont établi sans ambiguïté que ce sont bien les mécanismes épigénétiques qui jouent le rôle principal dans la transmission de l'état d'activité des gènes au cours de la division mitotique des cellules. Si le modèle de régulation génique peut apporter un éclairage sur les différents états d'activité des gènes, il est incapable d'expliquer la conservation de ces différences après la division cellulaire. Or, contrairement aux molécules des facteurs de transcription, les nucléosomes restent associés à l'ADN tout au long de la division cellulaire, ils sont même indispensables au bon déroulement de celle-ci ; avec son « empreinte épigénétique », la chromatine est donc capable de véhiculer la mémoire qui permet de rétablir l'état d'activité des gènes une fois la division cellulaire terminée et le nouveau noyau reconstitué.

Dans le chapitre suivant, nous verrons quelques exemples qui montrent que ces mêmes mécanismes sont aussi responsables, dans certains cas, de l'hérédité de l'état d'activité des gènes entre les générations.

Le rapport entre l'expression des gènes et l'empreinte épigénétique est plus complexe qu'une simple corrélation structure-fonction. Grâce à leur nature réversible, les modifications épigénétiques ont un double caractère : elles sont à la fois la conséquence et la cause de l'état d'expression génique. Comment est-ce possible ? Il ne faut pas oublier que ni l'état épigénétique ni l'état d'activité des gènes ne sont figés. Un gène inactif peut être activé et vice versa. Cela se produit systématiquement au cours de la vie de chaque cellule. Il s'agit même du fondement de l'ontogenèse d'un organisme multicellulaire, dont toutes les cellules dérivent d'une seule cellule. Bien évidemment, le changement d'activité d'un gène est toujours accompagné du changement de la structure de la chromatine et, de ce fait, de modifications épigénétiques.

Comment un seul mécanisme peut-il incarner à la fois le changement de l'activité génique pendant la différenciation et la stabilité de la transmission de cette même activité ? C'est une question fondamentale et, comme nous l'avons vu, ce n'est pas la première fois que la génétique y est confrontée ! En effet, elle se pose sous une forme ou une autre chaque fois que nous devons expliquer le changement du phénotype sans le changement du génotype. Différentes tentatives ont eu lieu pour résoudre cette contradiction, qui mettent l'accent sur l'un ou l'autre aspect des mécanismes épigénétiques. Actuellement, deux grandes hypothèses existent, mais le débat est encore loin d'être clos.

Encore un code ?

La première hypothèse, appelée « hypothèse du code histone », que l'on pourrait qualifier d'orthodoxe, fait appel aux notions de code et de programme, bien connues dans la génétique moléculaire. Les représentants de cette école, actuellement majoritaires dans la discipline de l'épigénétique, fondent leur explication sur le fait que chaque histone peut porter plusieurs modifications. Aussi est-il possible que ce soit le cas pour les histones d'un même nucléosome. Les gènes qui occupent plusieurs nucléosomes portent donc probablement plusieurs combinaisons de modifications épigénétiques. Selon cette hypothèse, ces combinaisons représentent des instructions moléculaires codées qui réguleraient l'expression génique. Les différences, parfois subtiles, entre les gènes donnent une sorte d'identité épigénétique à chaque gène, en plus de celle que lui fournit sa séquence nucléotidique.

Les partisans de cette hypothèse considèrent que l'ensemble des modifications épigénétiques et des instructions codées par elles constituent une sorte de « programme épigénétique ». Voilà comment l'un des protagonistes de cette école, C. David Allis, définit l'hypothèse : « Nous pensons que les modifications épigénétiques, imposées sur les protéines d'emballage de l'ADN (les histones), sont une caractéristique critique des mécanismes d'archivage de l'information du génome. Notre proposition c'est que le "code histone" peut élargir considérablement la capacité de stockage de l'information du code génétique » (*Science*, 2001).

D'autres ont donné des interprétations encore plus explicites. Par exemple, Bryan Turner, un des premiers chercheur anglais à proposer l'hypothèse du code histone, explique (sur le site du réseau européen d'épigénomique consultable à l'adresse http://epigenome.eu/fr/) : « L'ADN est comme une bande magnétique porteuse d'information, mais qui ne sert à rien sans magnétophone. L'épigénétique joue en quelque sorte le rôle du magnétophone. » Un autre chercheur très actif dans le domaine, Thomas Jenuwein, compare la génétique et l'épigénétique ainsi : « On peut sans doute comparer la distinction entre la génétique et l'épigénétique à la différence entre l'écriture d'un livre et sa lecture. Une fois que le livre est écrit, le texte (les gènes ou l'information stockée sous forme d'ADN) sera le même dans tous les exemplaires distribués au public. Cependant, chaque lecteur d'un livre donné aura une interprétation légèrement différente de l'histoire, qui suscitera en lui des émotions et des projections personnelles au fil des chapitres. D'une manière très similaire, l'épigénétique permettrait plusieurs lectures d'une matrice fixe (le livre ou le code génétique), donnant lieu à diverses interprétations, selon les conditions dans lesquelles on interroge cette matrice. » Sur ce même site du réseau épigénomique européen, on peut également découvrir une métaphore encore plus poétique : « Le maître plan génétique, tout comme une partition musicale complexe, reste sans vie sans un orchestre de cellules (les musiciens) et leurs épigénotypes (les instruments) pour l'interpréter. »

Si nous essayons de voir clair dans cette profusion de métaphores, nous comprenons rapidement que l'hypothèse du code histone essaie de paraphraser l'hypothèse du programme génétique en élargissant les concepts de code et de programme aux modifications des histones dans la chromatine. L'hypothèse du programme génétique a proposé, en reprenant les mots de François Jacob, que l'ADN de l'organisme code « tout son propre avenir, les étapes de son développement, la forme et les propriétés de l'être qui en émergera ». L'hypothèse du code histone modifie profondément cette théorie en affirmant que le génome ne contient que les données et que c'est le code épigénétique qui assure leur lecture et leur interprétation. Le code génétique serait ainsi doublé par un autre code, plus important, celui des histones dans la chromatine.

Mais en reprenant une partie des fonctions essentielles qui appartenaient, selon la génétique moléculaire, au programme génétique, le code histone de l'épigénétique reprend à son compte une partie de ses difficultés aussi. Avec les métaphores du magnétophone ou de la lecture du livre, ses protagonistes suggèrent que la structure de la chromatine déterminée par les modifications des histones n'est autre que la clé qui permet à la cellule de déchiffrer le code génétique. La difficulté majeure d'un message codé, c'est qu'il n'est lisible par le destinataire que si la clé lui est transmise aussi. Mais comme l'indique le nom « code histone », cette « clé épigénétique » est elle-même codée ! Il devrait donc y avoir une autre clé, qui permettrait de décoder la clé codée du code génétique... On voit immédiatement que le raisonnement en code-clé conduit à une régression à l'infini qui pose plus de questions qu'il n'en résout.

L'un des problèmes est la nécessité pour le code de rester stable. Comme nous l'avons vu, la difficulté majeure du concept de programme génétique réside dans la dualité de sa fonction supposée : il essaie d'expliquer à la fois la stabilité du phénotype entre la cellule mère et la cellule fille, ou d'une génération à l'autre, et la capacité de ce phénotype à changer. Si la stabilité de la séquence nucléotidique est parfaitement compatible avec l'idée de permanence du code, elle est incompatible avec la nécessité de changement, justement du fait de sa stabilité. C'est pour résoudre cette incompatibilité que l'introduction du concept d'hérédité épigénétique était nécessaire. En effet, contrairement à la stabilité de la séquence nucléotidique de l'ADN, chaque type de modification épigénétique est réversible et instable par nature. L'hypothèse d'un code inscrit sur les histones ne satisfait donc pas le critère de stabilité. C'est comme si les lettres du texte se transformaient de temps en temps en d'autres lettres. Dans ces conditions, l'hypothèse du code histone n'apporte de véritable explication ni à la transcription différentielle des gènes au cours du développement, ni à la transmission de l'état d'activité des gènes.

Le débat sur l'hypothèse du code histone dans la littérature scientifique n'est pas encore achevé, loin de là ! Malgré ces incohérences d'ordres logique et conceptuel, la majorité des chercheurs en épigénétique, que ce soit en Europe, en Amérique ou en Asie, persiste à vouloir cartographier l'ensemble des modifications épigénétiques du génome de divers tissus de différents organismes. On justifie ces projets par la nécessité de « déchiffrer le code » pour comprendre le fonctionnement du génome. Ces arguments peuvent réveiller chez le lecteur un sentiment de « déjà vu » : ce sont les mêmes que ceux qui avaient été employés pour justifier le projet de séquençage du génome de différents organismes. Nous en connaissons le résultat. La découverte des séquences des génomes a apporté bien des connaissances, sauf la compréhension du fameux « programme génétique » qui guide le développement. La description de l'ensemble des modifications épigénétiques dans le tissu d'un organisme apportera-t-elle la compréhension de son développement et de son fonctionnement ? Il y a de quoi en douter, quand on sait à quel point les modifications sont altérables.

Une hérédité dynamique

L'hypothèse concurrente considère que c'est l'ensemble des modifications épigénétiques d'une région génomique qui agit sur l'état fonctionnel, et non les modifications individuelles de chaque nucléosome. L'idée d'un code est rejetée en faveur d'une « simplicité cumulative », selon une expression proposée récemment. Cette interprétation n'attribue pas à la chromatine un rôle de régulateur spécifique des gènes. Elle propose que les modifications épigénétiques augmentent ou diminuent la probabilité de l'expression des gènes concernés. On pourrait dire par analogie qu'une porte ouverte n'est pas une instruction pour entrer, mais qu'elle donne la possibilité de le faire.

Dans une région génomique contenant des gènes transcrits très activement, les modifications épigénétiques de type euchromatine s'accumulent, comme si la porte s'ouvrait de plus en plus. Le contraire est observé dans les régions génomiques où les gènes ne sont pas transcrits : les modifications typiques de l'hétérochromatine remplacent celles de l'euchromatine et deviennent dominantes. Puisque le profil épigénétique se transmet de division en division, on peut dire que le trait de la « signature épigénétique » se renforce. Il devient alors de plus en plus difficile de changer l'état de la chromatine et d'inactiver un gène actif depuis des générations de cellules ou, au contraire, d'activer un gène inactif depuis longtemps.

Ce comportement est possible grâce à la nature dynamique et réversible des modifications épigénétiques. Comme nous l'avons vu, toutes les modifications ne sont pas catalysées par des enzymes dédiés – les histones acétyltransférases, méthyltransférases, etc. – : le même type de modification peut être catalysé par plusieurs enzymes différents. Et d'autres enzymes catalysent la réaction opposée en rétablissant l'état initial des histones. Ce sont toujours des enzymes différents qui catalysent les modifications opposées. Ces enzymes sont en permanence présents dans le noyau cellulaire et agissent sans cesse. Le résultat est que les nucléosomes sont modifiés puis « démodifiés » en permanence. En outre, les cycles modification-retour à l'état antérieur ne durent que très peu de temps : leur rapidité se mesure à l'échelle du temps des réactions chimiques, beaucoup plus courte que l'échelle du temps biologique. En conséquence, le degré de modification de la chromatine dépend à chaque instant de l'équilibre entre les deux types de réactions opposées. Il suffit alors que l'une ou l'autre soit ralentie pour que l'équilibre soit modifié et que la chromatine change d'état.

Mais alors, comment peut-on expliquer la stabilité à long terme des états épigénétiques de la chromatine ? La réponse réside dans le fait que les réactions chimiques qui aboutissent à des modifications épigénétiques différentes sont interdépendantes et engendrent des interactions synergiques ou antagonistes entre les différents composants de la chromatine. Par exemple, les enzymes qui catalysent la méthylation des histones augmentent l'activité d'autres enzymes qui accélèrent la déacétylation des histones voisins, et vice versa. Les deux types de réactions agissent ensemble pour former l'hétérochromatine. Toutes les autres réactions de modification épigénétique sont aussi interconnectées en un seul réseau de réactions chimiques. Le résultat de ce fonctionnement en réseau « coopératif » est qu'en fin de compte la structure de la chromatine a tendance à aller vers l'un des deux états. Le processus de formation de l'hétérochromatine a tendance à se renforcer et à inhiber la formation de l'euchromatine et inversement. N'oublions pas qu'il s'agit d'un processus dynamique à chaque instant, car toutes les réactions biochimiques se déroulent simultanément.

La stabilité de l'état de la chromatine, qu'il soit hétérochromatine ou euchromatine, est le résultat de l'équilibre dynamique entre toutes les réactions biochimiques qui y participent et non de la permanence d'une molécule ou d'un type de modification présente sur une des molécules qui forment la chromatine. À première vue, cela peut sembler bizarre. Mais pensons par exemple à notre corps. Il est le même pendant toute notre vie, du moins est-ce l'impression que nous en avons. Dans la réalité, pas une seule des molécules de notre corps d'aujourd'hui n'était présente à notre naissance. L'échange avec l'environnement est permanent. La stabilité de la structure de la chromatine est basée sur le même principe d'échange permanent avec l'environnement nucléaire, réalisé grâce aux réactions épigénétiques. Ce type de fonctionnement est bien connu dans la nature et porte le nom de « bistabilité ».

Le système formé par la chromatine et ses modifications a donc deux états alternatifs stables, l'hétérochromatine et l'euchromatine. La stabilité de ces deux états est la conséquence de la dynamique intrinsèque de la chromatine. Grâce à l'auto-renforcement, chaque état est capable de résister aux petites perturbations qui viendraient menacer l'équilibre en augmentant ou diminuant accidentellement une des réactions chimiques. Mais les perturbations fortes sont capables de basculer l'état de la chromatine au-delà d'un point de non-retour et de le conduire vers l'autre état stable. Ainsi, dans n'importe quelle région génomique, l'état épigénétique de la chromatine peut changer rapidement et complètement sous l'effet d'une action forte.

Il s'agit là d'un élément totalement nouveau dans notre façon d'appréhender les processus de régulation en génétique : le changement d'état n'est pas le résultat direct d'une instruction, mais la conséquence de perturbations aléatoires des réactions biochimiques qui modifient les histones ! Les mécanismes de régulation interviennent indirectement, soit en contribuant aux perturbations, soit en stabilisant l'état d'équilibre.

À l'aide d'une analogie simple, la figure 2 explique le caractère bistable de la chromatine. Les deux positions stables de la boule symbolisent les deux états de la chromatine. Si les perturbations agissant sur la boule qui se trouve dans le creux droit sont faibles, celle-ci retournera systématiquement à sa position initiale. Pour changer sa position, la perturbation doit être suffisamment

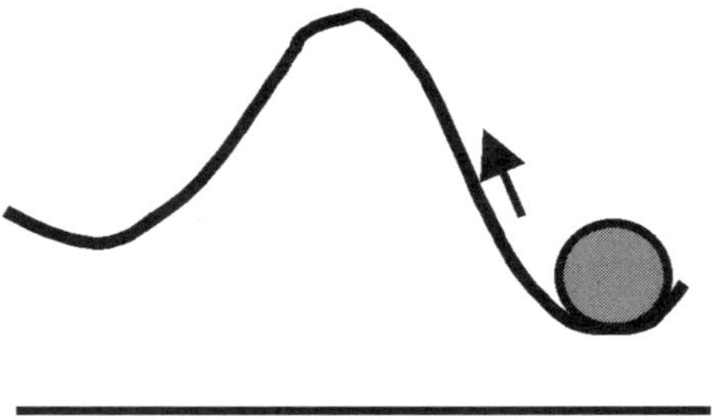

Figure 2. Illustration du fonctionnement d'un système bistable.

importante pour pousser la boule au-delà du point critique, c'est-à-dire au-delà du sommet de la bosse qui sépare le creux gauche du creux droit. Ce mode de fonctionnement est assez robuste pour maintenir la chromatine stable à long terme : seules les grandes perturbations sont capables de changer son état. On rencontre très fréquemment le principe de bistabilité, aussi bien dans le fonctionnement des organismes vivants que parmi les objets inanimés que nous utilisons tous les jours. Par exemple, un interrupteur électrique est un mécanisme bistable où la stabilité des deux états alternatifs « allumé » et « éteint » est assurée par l'effet antagoniste d'un simple petit ressort métallique.

La nature bistable de l'état épigénétique de la chromatine explique donc la stabilité de l'état d'activité des gènes dans les cellules d'un tissu normal. Le même mécanisme peut également expliquer la transmission de cet état de la cellule mère à la cellule fille. La réplication de l'ADN se déroule assez rapidement pour ne perturber que partiellement l'état épigénétique de la région chromosomique qui est en train d'être dupliquée. La nature coopérative des mécanismes épigénétiques et leur tendance à l'autorenforcement permet de rétablir rapidement la structure de la chromatine d'avant la réplication.

La capacité de la chromatine à changer d'état de façon régulée peut également être expliquée par sa nature bistable. Pour qu'il y ait changement, la perturbation doit être importante. Les perturbations qui sont la conséquence du fonctionnement habituel de l'organisme sont considérées comme normales – on les appelle « mécanismes de régulation ». Dans la réalité, elles fonctionnent sur la base du même principe que les perturbations accidentelles. Nous connaissons des mécanismes de régulation qui répondent à des stimuli venant de l'environnent de la cellule et qui peuvent perturber la chromatine de façon ciblée. Ces mécanismes participent à la régulation de l'expression des gènes et sont indispensables pour la différenciation cellulaire et le développement de l'embryon. Mais, de façon générale, tout changement de l'état physiologique de la cellule qui modifie fortement l'équilibre des réactions épigénétiques peut influencer l'état épigénétique de la chromatine et, par la suite, contribuer aux changements d'expression génique.

L'établissement d'un profil épigénétique dans un noyau cellulaire se fait donc en étroite « collaboration » avec le cytoplasme. C'est par lui que, dans une cellule normale, l'influence de l'environnement cellulaire se transmet, c'est en son sein que les enzymes qui catalysent les réactions épigénétiques et leurs substrats sont synthétisées. Les processus biochimiques qui se produisent dans le noyau, y compris les modifications épigénétiques, sont donc conditionnés par le cytoplasme, et vice versa, car l'expression des gènes modifie à son tour la composition de ce dernier. Le cytoplasme façonne le noyau qui le façonne – ils forment une unité de fonctionnement.

Après le passage des grandes perturbations – régulées ou accidentelles –, la chromatine ne retrouve pas partout son état initial exact. La nouvelle structure, qui reste figée par les mécanismes épigénétiques, est transmise au cours des divisions cellulaires. Les gènes qui ont été activés par la perturbation avant la division conservent les modifications typiques de l'euchromatine après la division cellulaire. De même, l'hétérochromatine formée autour d'un gène inactivé est conservée au cours de la réplication du génome ; donc, après la division, le gène reste inactif. Bref, le nouveau profil d'expression est conservé et transmis aux cellules filles. Ainsi, grâce au mode de fonctionnement bistable, la cellule « garde en mémoire » son parcours.

La mémoire épigénétique de la chromatine est à la base de l'unidirectionnalité du processus de différenciation cellulaire. Un gène inactif depuis plusieurs divisions cellulaires accumule progressivement les modifications épigénétiques qui correspondent à son état inactif et qui renforcent encore plus cet état. D'autres gènes restent plus facilement activables, car ils n'ont pas encore atteint l'état inhibé. En effet, la différenciation se produit plus facilement que la dédifférenciation. Contrairement à ce que l'hypothèse du code histone préconise, cette « mémoire » ne prédestine pas la cellule à un phénotype différencié donné, elle ne fait que rétrécir les possibilités de la cellule en fonction de son parcours antérieur, en rendant le retour en arrière moins probable et en la canalisant vers un phénotype de plus en plus spécialisé. Mais, comme les expériences de clonage l'ont montré, l'inhibition de l'expression génique *via* les mécanismes épigénétiques est réversible et le retour vers l'état antérieur est possible. Néanmoins, malgré la réversibilité, la probabilité du retour à l'état initial reste faible, ce qui explique les taux très bas de réussite du clonage.

Les perturbations accidentelles, même transitoires, peuvent déclencher des changements de la chromatine. Par exemple, l'inhibition transitoire d'une réaction épigénétique par une drogue ou n'importe quel stress physique ou biochimique peut déclencher des altérations qui persistent, même quand la cause initiale a disparu. Ces altérations peuvent être à la source de certaines pathologies (peuvent-elles aussi expliquer certaines guérisons ?). Les recherches, très actives dans ce domaine, permettront certainement de progresser dans la compréhension et, à terme, peut-être dans le traitement des maladies dont la genèse est encore peu connue.

L'hérédité épigénétique entre les générations

Comme nous l'avons vu précédemment, l'activité différentielle des gènes a été proposée pour expliquer la multitude des phénotypes cellulaires, malgré l'identité du génome dans toutes les cellules d'un même organisme. Elle a fait naître la nécessité d'expliquer comment l'état d'activité peut être transmis de la cellule mère aux cellules filles, ce qui a abouti à l'exploration des mécanismes qui déterminent la structure de la chromatine. De façon inattendue, il s'est révélé que c'est la dynamique bistable des mécanismes épigénétiques et leur robustesse qui permettent la transmission de l'état d'activité des gènes au cours de la division cellulaire. Ce processus est tellement robuste que la transmission de l'état de la chromatine est possible d'une génération à l'autre. L'hérédité épigénétique est donc possible grâce aux mécanismes qui sont à l'œuvre au cours de la différenciation cellulaire.

Remarquons toutefois que l'expression « hérédité épigénétique » réunit tous les phénomènes héréditaires que l'on ne peut pas expliquer par la transmission de l'ADN. Or il existe des phénomènes que l'on peut considérer comme épigénétiques mais qui ne dépendent pas de la chromatine, ni d'un quelconque autre mécanisme de régulation de l'expression génique. Si ces phénomènes ne sont pas discutés ici, c'est uniquement parce que nos connaissances sont encore insuffisantes pour en proposer une image cohérente. Toutefois, nous savons qu'il est difficile de les intégrer dans le cadre conceptuel basé sur la dualité génotype/phénotype. L'avenir nous dira si ces phénomènes dépasseront le statut d'exception ou si, un jour, ils serviront à faire progresser la réflexion théorique sur l'hérédité.

Le premier cas d'hérédité épigénétique étudié en détail et qui a contribué de façon décisive à une prise de conscience de l'existence de ce type de manifestations héréditaires est connu sous le nom d'« empreinte parentale ». C'est grâce à des expériences du type clonage que cette empreinte a été découverte. Ces expériences portaient sur la manipulation d'embryons de souris. Ces petits animaux sont parmi les modèles expérimentaux préférés des généticiens et des embryologistes. Au début des années 1980, les équipes de chercheurs de Davor Solter et d'Azim Surani ont réalisé des expériences de greffe de noyau cellulaire dans des ovocytes fécondés, les zygotes. Ils ont réussi à fabriquer des zygotes portant uniquement le génome du père ou uniquement le génome de la mère.

Le nombre de chromosomes était correct, mais les deux chromosomes d'une même paire ne provenaient que d'un seul des deux parents. D'un point de vue génétique, ces zygotes n'avaient donc soit qu'un père, soit qu'une mère, mais ils n'avaient *a priori* pas de mutations, pas de perte de chromosomes ni aucune autre anomalie génétique. Ils n'étaient néanmoins pas capables de se développer normalement, alors que les ovocytes ayant reçu une greffe de noyau avec la composition chromosomique biparentale et qui, de ce fait, avaient un père et une mère le pouvaient. La différence entre les trois types de zygotes n'était pas génétique : ils avaient tous les mêmes gènes. Ce qui était différent, c'était l'origine paternelle ou maternelle du génome. Autrement dit, un zygote ne se développe normalement que s'il reçoit la moitié de ses chromosomes d'un mâle et l'autre moitié d'une femelle. La contribution génétique des deux sexes est absolument indispensable, ce qui suggère que le fonctionnement de certains gènes est déterminé ou tout au moins influencé par son origine parentale.

De toute évidence, cette conclusion entre en contradiction avec ce que l'on pensait de la génétique. En effet, la séquence d'un gène n'est pas différente quand celui-ci est transmis par le père ou par la mère. La découverte a été accueillie par la communauté scientifique avec une certaine méfiance, mais les faits étaient indiscutables et, très rapidement, d'autres découvertes ont confirmé cette conclusion inattendue. Par exemple, des mutations ont été découvertes dont l'effet phénotypique était différent selon qu'elles étaient transmises à la descendance par le père ou par la mère. Certaines pathologies héréditaires chez l'homme obéissent même à ces règles inhabituelles. Afin d'expliquer ce phénomène, une hypothèse a été proposée : une partie des gènes porterait une

« empreinte » ou un « sceau » qui permettrait aux cellules de l'embryon de différencier la copie du gène héritée du père de celle héritée de la mère. De plus, cette empreinte influencerait la transcription du gène. Ainsi les génomes des deux parents sont-ils complémentaires et tous deux nécessaires pour l'expression correcte du génome, donc pour le développement et le fonctionnement normal de l'organisme. Cette hypothèse a été confirmée, car un grand nombre de gènes fonctionnant sur ce mode ont été identifiés.

L'empreinte qui permet à la cellule de faire la distinction entre la copie paternelle et la copie maternelle du même gène au sein de la même cellule, qui est nécessairement de nature « non génétique », est néanmoins héréditaire : l'état d'activité du gène est transmis, et il est différent pour la copie maternelle et paternelle. De plus, cette transmission se fait non seulement lors de la duplication cellulaire, mais aussi entre deux générations, ce qui rend le phénomène d'empreinte encore plus inhabituel.

Les spéculations sur les mécanismes moléculaires qui pourraient expliquer ce type d'hérédité ont démarré immédiatement après la publication des travaux de Solter et Surani. L'identification des premiers gènes dont les copies maternelle et paternelle fonctionnaient différemment en a rendu l'analyse directe possible. La connaissance des mécanismes épigénétiques (qui ne portaient pas encore ce nom) et des mécanismes sur la structure de la chromatine était déjà suffisamment avancée pour que l'on puisse assez rapidement démontrer qu'ils participaient au marquage de l'origine parentale des gènes soumis au phénomène de l'empreinte parentale. Depuis, les différences entre la chromatine de la copie maternelle et celle de la copie paternelle des gènes soumis à l'empreinte parentale ont été démontrées et étudiées en détail sur de nombreux gènes.

Cela a représenté un grand pas dans l'histoire de l'hérédité, parce qu'il s'agissait de la démonstration expérimentale que l'hérédité était possible sans être codée dans la séquence de l'ADN. Il s'agit de rien moins que la réfutation de la thèse de base de la génétique moléculaire ! Néanmoins, cette découverte est passée presque inaperçue en dehors du cercle assez restreint des chercheurs dans le domaine concerné. Le monde scientifique vivait encore à l'heure du « tout génétique ». Quinze ans plus tard, la situation est mûre pour une prise de conscience. La possibilité de l'hérédité épigénétique entre les générations a ouvert des perspectives que l'on croyait impossibles.

La question qui s'est alors posée était de savoir si l'empreinte parentale des gènes était un phénomène isolé ou si l'hérédité épigénétique était plus fréquente qu'on pourrait le supposer. Aujourd'hui, nous savons que l'hérédité épigénétique n'est pas rare. Un certain nombre d'anciennes observations suggère que certaines manifestations ont bien été remarquées, mais qu'elles ont probablement été mal interprétées. La plus connue d'entre elles a été faite par Conrad Waddington dans les années 1950. Il a démontré que les embryons de la mouche drosophile qui avaient subi un stress thermique transitoire dû à une exposition à une température plus élevée que la normale développaient des malformations des antennes, des ailes ou d'autres parties du corps. Ces malformations ressemblaient à des phénotypes associés à des mutations déjà connues, mais leur fréquence d'apparition était trop élevée pour que l'hypothèse de mutations se produisant au cours de l'expérience soit retenue. Curieusement, quand ces mouches se reproduisaient, ces phénotypes ne disparaissaient pas à la génération suivante, alors que les œufs n'avaient été exposés à aucun stress thermique. Par ailleurs, les caractères restaient stables pendant des générations, même en l'absence de stress. Il s'agissait donc de caractères héréditaires.

Pour expliquer ce phénomène, Waddington a proposé une nouvelle notion, celle de canalisation. D'après lui, les variations génétiques préexistaient déjà dans le génome des mouches étudiées, mais restaient cachées grâce à un mécanisme de compensation. En généralisant l'observation, on pourrait dire que les variations génétiques peuvent se cacher derrière l'homogénéité phénotypique grâce à un mécanisme qui pourrait canaliser le développement dans la bonne direction. Ainsi, des variations génétiques cachées pourraient s'accumuler dans le génome d'individus phénotypiquement identiques et rester neutres dans un environnement stable. Un changement brusque de l'environnement pourrait révéler ces variations et les exposer à la sélection naturelle. Si le nouveau phénotype est avantageux, il est sélectionné et devient « assimilé », selon le terme de Waddington. Autrement dit, il devient le phénotype vers lequel le processus du développement est canalisé. La capacité d'atténuer les variations et de canaliser le développement vers le même phénotype malgré les variations génétiques est clairement avantageuse au cours de l'évolution et pourrait elle-même être soumise à la sélection. Avec cette explication, le principe de la non-hérédité des caractères acquis est respecté : les mutations génétiques sont bien héritées, c'est seulement leur statut qui, de « neutre », se change en « non neutre ».

Un exemple plus récent de ce type d'observation suggère que cette explication n'est pas toujours valable. En effet, les expériences de Waddington ont été répétées sur une lignée de mouches génétiquement identiques. Les résultats ont donné l'apparition fréquente non pas d'un mais de plusieurs nouveaux phénotypes. Or une telle variété ne peut être attribuée à des variations génétiques cachées : en effet, si ces nouveaux phénotypes étaient la conséquence d'une ou plusieurs mutations cachées, ils devraient être similaires chez tous les individus de la lignée utilisée, car ils sont tous génétiquement identiques, ce qui n'est pas le cas. Il est donc très vraisemblable que les changements soient de nature épigénétique et qu'une fois induits ils soient transmis à la génération suivante. Dans ce cas également, l'implication des mécanismes moléculaires de la structure de la chromatine a été démontrée, confirmant à nouveau leur rôle clé dans l'hérédité épigénétique.

Un exemple très intéressant d'hérédité épigénétique a été décrit récemment. Il concerne un gène bien connu chez la souris, le gène Agouti. La protéine codée par lui joue un rôle important dans la formation des cellules à l'origine des poils et elle détermine la couleur du pelage. Il existe plusieurs variantes ou allèles de ce gène. L'un d'entre eux, l'allèle « Agouti viable yellow » ou A^{vy}, et lui seul, a des propriétés tout à fait remarquables : les souris qui en sont porteuses, même si elles sont génétiquement identiques, n'ont pas toutes la même couleur ! Chez certaines, les follicules de poils produisent une phaéomélanine jaune au lieu de produire de la mélanine noire ; outre le fait d'être de couleur jaune, les animaux sont obèses, diabétiques et sensibles aux tumeurs. Chez d'autres, la production de mélanine est réduite, la couleur du pelage est intermédiaire entre le jaune et le noir, et les autres manifestations phénotypiques sont aussi atténuées. Chez d'autres encore, aucune de ces caractéristiques n'est observée et le pelage est foncé.

Remarquons au passage que cette mutation illustre bien le fait qu'un seul gène peut participer à la formation d'une multitude de caractères n'ayant apparemment que peu de liens entre eux. Et des animaux pourtant génétiquement identiques, comme s'ils étaient des jumeaux monozygotiques, sont différents. Les chercheurs australiens du laboratoire d'Emma Whitelaw ont remarqué que les femelles jaunes et obèses donnaient naissance à plus de petits jaunes devenant obèses à l'âge adulte que les femelles foncées. La corrélation entre le phénotype de la mère et celui de sa descendance suggère que celui de la mère est transmis à ses petits. Le niveau d'expression du gène est plus élevé dans les cellules des souris jaunes que dans celles des souris foncées.

L'analyse de la structure chromatinienne du gène Agouti a clairement démontré que le phénotype est en corrélation avec les modifications épigénétiques. De toute évidence, il s'agit donc d'un cas d'hérédité épigénétique. Lorsque les femelles ont suivi un régime alimentaire riche en folate avant leur gestation, il y a plus de souriceaux foncés dans leur descendance qu'après un régime alimentaire normal. Les études ont démontré que l'apport en folate a modifié la chromatine du gène Agouti. Cet exemple, qui a été étudié en détail, est le premier où l'on a pu démontrer que, chez un mammifère, la transmission d'un caractère d'une génération à la suivante a été modifiée par l'environnement.

Depuis quelques années, sous l'impulsion donnée par ces résultats, les travaux se multiplient pour démontrer le rôle de l'hérédité épigénétique dans l'évolution des caractères et l'effet de l'environnement sur ce type d'hérédité. Parmi les exemples plus au moins bien documentés, citons-en deux qui ont particulièrement attiré l'attention il y a quelques années.

La première observation a été faite par une équipe suédoise. Il s'agit d'une étude comparative sur l'incidence du diabète dans une population rurale isolée au nord de la Suède entre 1890 et 1995. Les chercheurs ont suivi trois générations successives, nées en 1890, 1905 et 1920, qui ont vécu dans leur enfance des périodes de bonnes et de mauvaises récoltes correspondant probablement à des périodes de nutrition riche ou pauvre en sucres lents. Ils ont observé que, lorsque les bonnes récoltes étaient survenues pendant la période prépubertaire des hommes, cela correspondait à un risque de développement d'un diabète de type 2 quatre fois plus élevé chez leurs petits-enfants. En revanche, une mauvaise récolte pendant la période prépubertaire des grands-parents n'avait pas d'incidence sur leurs petits-enfants. Bien qu'il s'agisse d'études statistiques ne détectant que des corrélations et que nous n'ayons pas la preuve formelle de l'implication des mécanismes épigénétiques précédemment décrits, il est difficile de ne pas chercher à établir un lien de causalité entre la nutrition et la transmission épigénétique.

Le second exemple, qui a été décrit aux Pays-Bas, nous rapproche un peu plus d'une démonstration de l'effet transgénérationnel. Pendant la Seconde Guerre mondiale, durant l'hiver 1944-1945, une famine a frappé le pays. Parmi les habitants durement touchés, il y avait des femmes enceintes qui ont donné naissance à des enfants de petit poids – un phénomène connu et facilement compréhensible, puisque le fœtus est nourri par l'organisme maternel. Mais quand, parmi ces enfants, les filles ont grandi et sont devenues mères à leur tour, elles ont également donné naissance à des bébés de petite taille, bien qu'elles n'aient elles-mêmes jamais subi de famine, en particulier au cours de leur grossesse. Récemment, une équipe de chercheurs américaine a réussi à démontrer que ce phénomène était également fondé sur des mécanismes épigénétiques. Ces exemples vont dans le même sens que les observations faites chez la souris sur la transmission des effets de la nutrition à la génération suivante.

Perspectives

Grâce aux mécanismes épigénétiques, plusieurs phénotypes peuvent correspondre à un même génotype et la transition entre deux phénotypes est souvent induite par un changement dans l'environnement. Le nouveau phénotype est souvent héritable, même après la disparition du ou des facteurs environnementaux à l'origine de son apparition. Il est difficile d'interpréter ces observations autrement que comme l'hérédité de caractères acquis, ce que la génétique classique et moléculaire considère comme une impossibilité – cette thèse représente même l'un des piliers de la génétique. On comprend alors que la communauté scientifique ait accueilli ces observations avec méfiance. Mais le poids des preuves est là et l'idée commence à faire son chemin. Comme le chercheur canadien Susannah Varmuza l'a écrit en 2003 dans la revue *Genome*, on considère parfois l'épigénétique comme la « renaissance de l'hérésie ». Il est fort probable néanmoins qu'il s'agisse de quelque chose de plus qu'un simple retour aux idées anciennes.

En 1995, le chercheur américain Richard Strohman a publié un article intitulé « Vers une révolution kuhnienne dans la biologie » dans la revue *Nature Biotechnology*. Le titre faisait référence aux idées de l'épistémologue Thomas Kuhn selon lesquelles la science progresse par des révolutions déclenchées périodiquement, quand une masse critique de découvertes qui ne peuvent pas être expliquées par les théories dominantes s'est accumulée. Une nouvelle théorie est alors élaborée, capable d'incorporer toutes les observations dans son schéma explicatif. En physique, par exemple, la théorie de la relativité d'Einstein a été le fruit d'une telle révolution. Selon Strohman, les contradictions fondamentales de la génétique et les découvertes de l'épigénétique conduiront à une révolution dans la biologie. Presque quinze ans plus tard, cette révolution n'a toujours pas eu lieu. Néanmoins, il est évident que le cadre conceptuel de la génétique doit être modifié. L'épigénétique a certainement apporté des éléments qui peuvent contribuer à rénover ce cadre conceptuel.

Si l'hypothèse du code histone apparaît comme une simple extension du concept de programme génétique, elle a inspiré une approche expérimentale réductionniste ayant permis de décrire en détail les éléments et les mécanismes biochimiques qui contribuent à l'hérédité épigénétique.

La véritable innovation de l'épigénétique arrivera probablement de la vision très dynamique qu'elle propose pour expliquer l'hérédité. La continuité et la permanence des caractères entre les générations ne seront plus expliquées uniquement par la transmission d'une substance inerte et statique qui porte en elle le plan de l'organisme sous la forme d'une représentation codée – comme une essence qui précéderait l'existence.

Bien au contraire, l'épigénétique s'oriente vers une théorie expliquant l'hérédité par les interactions dynamiques entre les différents composants du vivant. L'ADN occupe une place privilégiée dans ce processus, mais son rôle est loin d'être exclusif. Les particularités uniques de sa structure permettent de porter l'effet de chaque changement de sa composition au fil des générations et de contribuer à l'évolution du vivant à long terme. L'interaction dynamique des autres composants que nous avons désignés comme épigénétiques assure non seulement l'ajustement permanent des caractères de la cellule ou de l'organisme multicellulaire à ses besoins dans un environnement changeant, mais aussi la transmission de ces caractères à la descendance. Ainsi, l'hérédité épigénétique peut jouer un rôle important dans l'évolution à court terme.

La vision dynamique de l'hérédité qui caractérise l'épigénétique ouvre au moins deux perspectives nouvelles. Premièrement, elle reconsidère l'ontogenèse sur des bases qui s'éloignent de la vision préformationniste et la rapprochent de la logique de la théorie de l'évolution. Comme le biologiste français Jean-Jacques Kupiec l'a proposé, l'ontogenèse pourrait être vue comme un processus d'« ontophylogenèse ». Deuxièmement, en expliquant comment l'environnement peut intervenir dans le processus de l'hérédité, l'épigénétique peut aussi expliquer pourquoi la diversité phénotypique est plus grande à l'intérieur d'une même espèce que la diversité de la séquence de l'ADN. Cela est également vrai entre espèces : les séquences codantes du génome de l'homme et du chimpanzé, par exemple, sont à peine différentes, ce qui n'est pas le cas de leurs phénotypes.

Enfin, l'épigénétique permet de progresser dans notre compréhension des maladies héréditaires. Même dans le cas des maladies dites « monogéniques », dont l'hérédité obéit aux lois de Mendel, on observe une diversité de symptômes et d'évolution dans le temps que la génétique seule ne peut expliquer. L'épigénétique en apportera peut-être une meilleure compréhension. De même, grâce à elle, nous pouvons espérer mieux appréhender les maladies complexes où le rôle de l'hérédité est depuis longtemps soupçonné, mais pour lesquelles les analyses génétiques ont été infructueuses.

Il est difficile et il serait irresponsable de faire des prédictions plus exactes à ce stade des recherches. Toutefois, il n'est peut-être pas hasardeux de dire qu'après une période de « tout ADN » la science de l'hérédité entre dans une nouvelle ère, peut être celle de l'épigénétique. Continuerons-nous de parler de génétique et de considérer le gène comme son unité ? Si, pour des raisons historiques, nous conservons le terme « gène » pour désigner la molécule de l'acide désoxyribonucléique, alors l'hérédité épigénétique pourra être considérée comme l'hérédité sans gène.

Bibliographie

Henri ATLAN, *La Fin du « tout génétique » ? : vers de nouveaux paradigmes en biologie*, une conférence-débat organisée par le Groupe Sciences en question, Paris, Inra, 1999.

Pierre-Henri GOUYON, Jean-Pierre HENRY, Jacques ARNOULD, *Les Avatars du gène : la théorie néodarwinienne de l'évolution*, Paris, Belin, 1997.

Evelyn FOX KELLER, *Le Siècle du gène*, Paris, Gallimard, 2003.

Jean-Jacques KUPIEC, *L'Origine des individus*, Paris, Fayard, 2008.

Jean-Jacques KUPIEC, Olivier GANDRILLON, Michel MORANGE *et al.*

(dir.), *Le Hasard au cœur de la cellule*, Paris, Syllepse, 2009.

Jean-Jacques KUPIEC, Pierre SONIGO, *Ni dieu, ni gène*, Paris, Le Seuil, 2000 (et, en poche, coll. « Points sciences », 2003).

John MAYNARD SMITH, *La Construction du vivant*, Paris, Cassini, 2001.

André PICHOT, *Histoire de la notion de gène*, Paris, Flammarion, 1995 (et, en poche, coll. « Champs », 1999).

Sylvie POUTEAU (coord.), *Génétiquement indéterminé : le vivant auto-organisé*, Versailles, Quae, 2007.

John STEWART, *La vie existe-t-elle ? Réconcilier génétique et biologie*, Paris, Vuibert, 2004.

Table des matières

Dans la même collection :

n° 1. *Qu'est-ce que l'humain ?* de Pascal Picq, Michel Serres et Jean-Didier Vincent
n° 2. *Pourquoi notre mémoire est-elle si fragile ?* de Francis Eustache
n° 3. *Qu'est-ce que mourir ?* sous la direction de Jean-Claude Ameisen, Danièle Hervieu-Léger et Emmanuel Hirsch
n° 4. *Classification et Évolution* d'Hervé Le Guyader
n° 5. *Maîtriser la consommation d'énergie* de Bernard Laponche
n° 6. *Histoires de sexe et désir d'enfant* sous la direction de Pierre Jouannet et Véronique Nahoum-Grappe
n° 7. *Et la matière devint vivante...* d'André Brack
n° 8. *Les Ordinateurs de demain* d'Alain Schuhl
n° 9. *Apprivoiser la douleur* sous la direction de Bernard Calvino
n° 10. *Climat : chronique d'un bouleversement annoncé* de Didier Hauglustaine, Jean Jouzel et Hervé Le Treut
n° 11. *Les Premières Sépultures* de Bruno Maureille

n° 12. *Les Débuts de l'élevage* de Jean-Denis Vigne

n° 13. *Les Premiers Outils* de Pascal Picq et Hélène Roche

n° 14. *Des prothèses pour le cerveau* de Jean Delbeke

n° 15. *Le Téléphone de demain* de Michel Riguidel

n° 16. *Comment évoluent nos gènes ?* de Bernard Dujon

n° 17. *Qu'est-ce que la matière ?* de Françoise Balibar, Jean-Marc Lévy-Leblond et Roland Lehoucq

n° 18. *Hommes, femmes : la construction de la différence* sous la direction de Françoise Héritier

n° 19. *Jeux mathématiques et vice versa* de Jean-Pierre Bourguignon, Gilles Dowek, Jean-Christophe Novelli et Benoît Rittaud

n° 20. *Les Avatars du vide* de Marc Lachièze-Rey

n° 21. *Les Origines du langage* de Jean-Louis Dessalles, Pascal Picq et Bernard Victorri

n° 22. *L'Âge d'or de la science arabe* de Ahmed Djebbar

n° 23. *Faire de la science avec* Star Wars de Roland Lehoucq n° 24. *L'Identité : qui suis-je ?* sous la direction de Sylvie Gruszow

n° 25. *Les Origines de l'art* de Michel Lorblanchet

n° 26. *Les Sociétés animales : lions, fourmis et ouistitis* de Frank Cezilly, Luc-Alain Giraldeau et Guy Theraulaz

n° 27. *À la recherche d'une vie extraterrestre* de François Raulin

n° 28. *Changer d'ère... pour construire une nouvelle relation à l'environnement* de Nadia Boeglin, Daniel Clément et Stéphanie Guignard

n° 29. *Régions polaires : quels enjeux ?* d'Yves Frenot

n° 30. *Les Débuts de la vie* de Simonetta Gribaldo, Marie-Christine Maurel et Jean Vannier

n° 31. *Les Frontières de l'humain* d'Henri Atlan et Frans B. M. de Waal

n° 32. Les *Mécanismes du sommeil : rythmes et pathologies* sous la direction de Sylvie Royant-Parola

n° 33. *Le Grand Récit de l'Univers* de Bénédicte Leclercq

n° 34. *Métamorphoses* d'Alain Dubois et Pierre Drogi

n° 35. *Quand les maths se font discrètes* de Benoît Rittaud n° 36. *Particules élémentaires et cosmologie : les lois ultimes ?* de Gilles Cohen-Tannoudji et Michel Spiro

n° 37. *LHC : enquête sur le boson de Higgs* de Michel Davier

n° 38. *La Révolution néolithique* de Jean-Paul Demoule

n° 39. *Les Origines de la culture* de Roland Schaer

n° 40. *Les Nombres extraordinaires* de Benoît Rittaud

n° 41. *La Sexualité animale* de Frank Cezilly

n° 42. *L'Hérédité sans gène* d'Andras Paldi

n° 43. *Vie et mort de la population mondiale* d'Hervé Le Bras

Ce livre fait suite à une série de conférences qui se sont tenues à la Cité des sciences et de l'industrie les 29 novembre, 6 et 12 décembre 2007.

Achevé d'imprimer sur rotative
par l'imprimerie Darantiere à Dijon-Quetigny
en septembre 2009

N° d'éditeur : 09428-01/1
N° d'impression : 29-1250
Dépôt légal : septembre 2009

Imprimé en France